探秘

缤纷水世界

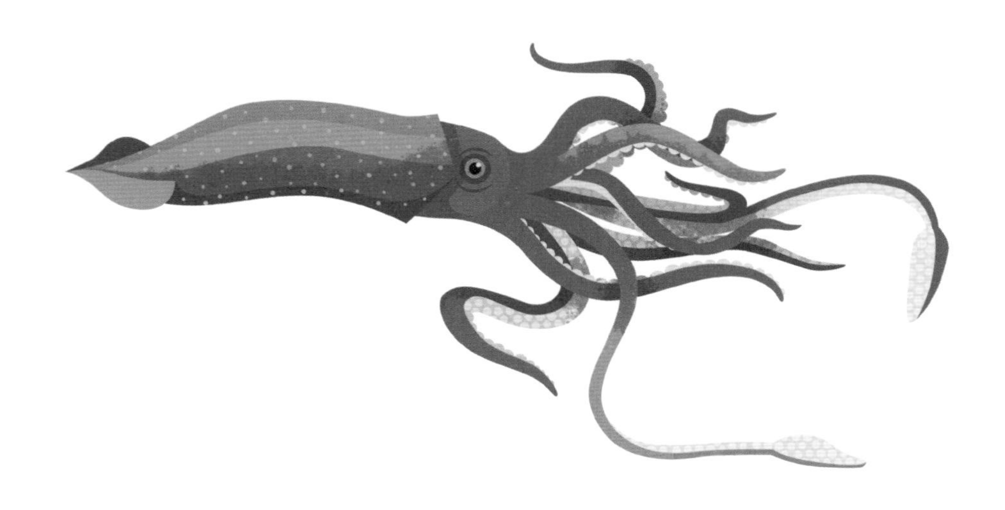

[英] 山姆·休谟 著
[英] 安吉拉·丽兹 [英] 丹尼尔·朗 绘
陈宇飞 译

中信出版集团 | 北京

序

水的世界一直让我着迷不已。小时候，我经常在爷爷奶奶家的池塘旁趴上好几个钟头，看着蝾螈像奇幻故事里的龙一样潜行于草丛。对我来说，去海滩玩从来不是晒日光浴，而是在潮池之间艰难地爬行，寻找蜇人的海葵和好斗的天鹅绒梭子蟹，或者戳破墨角藻多汁的小球。从那时起，我便没少被雨林的水蛭咬，被射水鱼吐口水，还被章鱼缠过脸。就算这样，我也一刻都不后悔。如果你有探险家的精神和寻找新事物的渴望，那水生生物绝不会让你失望。这不，就在为了写这本书查找资料的过程中，我便发现了一些做梦都没梦到过的宝贝。

不过我得提醒你，一旦你窥见了水下的奥秘，就再也停不下来了。准备好了吗？那么，踢掉鞋子，蹚进水里，让如潮的好奇心把你卷走吧。

Sam Hume

山姆 · 休谟

目录

①

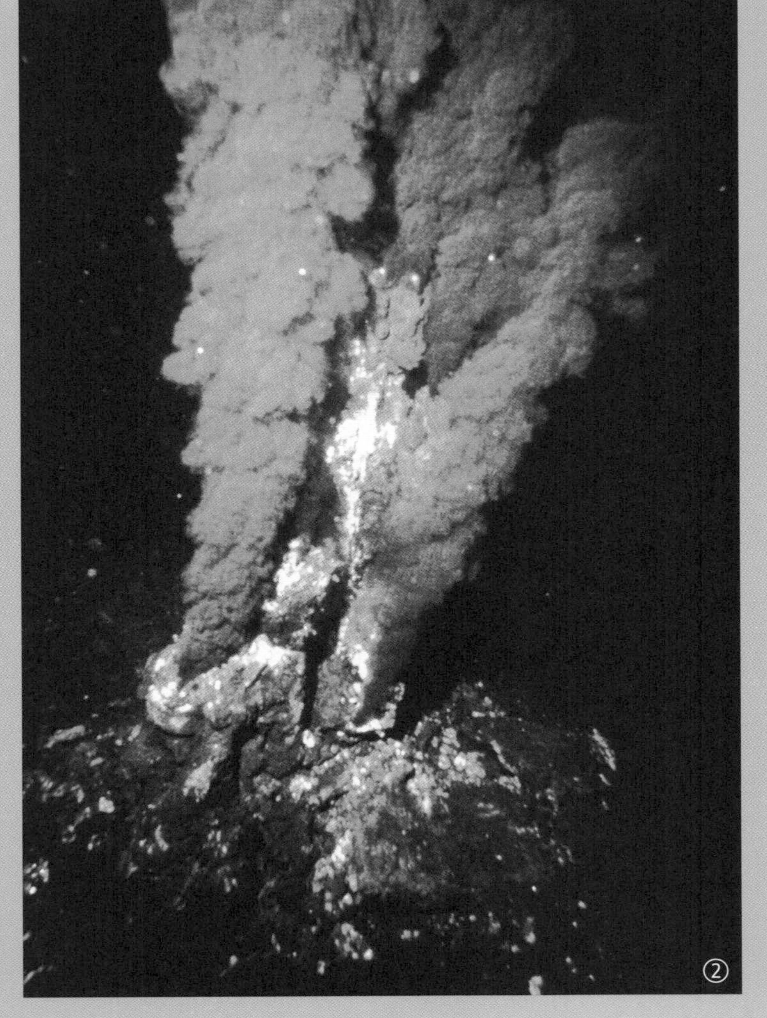
②

③

④

深海

在地球上有80亿人生活、飞机可以载人环游世界的今天，我们很容易以为人类已经看遍了这个星球的每一寸土地。可实际上，地球的大部分区域仍然是人类的未知地带。这是因为地球上95%的生存空间都位于海洋之中，而且大部分都在幽暗的海洋深处。在月球上行走过的人，甚至比潜入过最深的海底的人还多。对于深海探险者来说，几乎每一次深海之行都会发现前所未见的新奇生物。

过去我们常常把深海想象成一个空荡荡的地方，那里又黑又冷，环境恶劣，任何生物都不可能在其中生存。然而，近年来在海底的种种发现，比如规模惊人的冰鱼育儿所、年湮代远的海绵花园和成群游荡的海猪，却让我们渐渐学会了见怪不怪。

就算把珠穆朗玛峰挪到最深的海底，
它的顶端距离海平面也还有2000多米远。

①海底的海绵花园
②热液喷口
③正在探险的深海潜水器
④冰鱼在照看它们的巢——
这里可能是生命的摇篮

海参

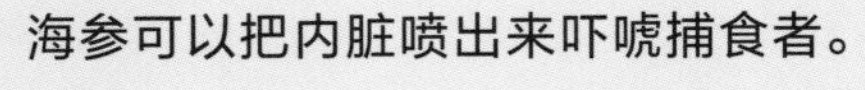
海参可以把内脏喷出来吓唬捕食者。

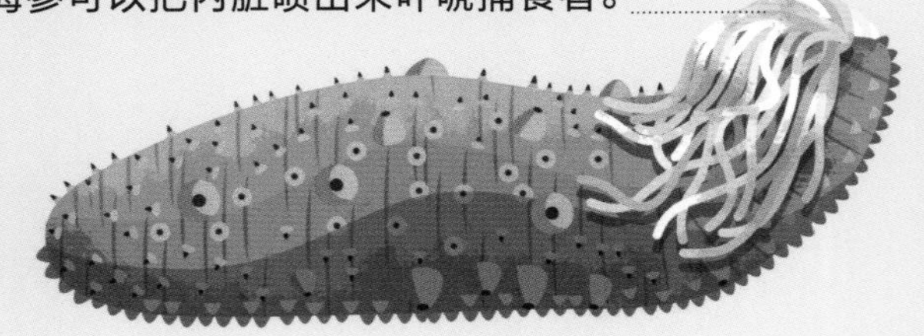

海参的英文名直译是“海黄瓜”，虽然听起来像蔬菜，甚至看起来也像蔬菜，但人家其实是动物。海参和海星、海胆一样，属于棘皮动物。海参的形状像一根香肠，它们用腹面管足沿着海底爬行，寻找植物残渣和微型动物吃。一旦找到食物，海参就会用嘴巴周围的触手把美餐拉进嘴里。

海参是用“屁股”——底（后）部泄殖腔旁的水肺呼吸的动物，也就是说它们用“屁股”吸水，从中获取氧气，然后又用“屁股”把水排出体外。这还不是它们唯一的超能力。海参在受到攻击时会将一部分内脏射入水中，扔给攻击者吃，自己则在对方分心时趁机开溜。

串珠海参

海猪
黄海参
海参有着丰富多彩的颜色，
而且在世界各地的海底都有分布。
红纹海参

栉水母

栉水母虽然名字里有“水母”两个字，但它们并不是水母，而是自成一类，只不过和水母一样古老，一样形似果冻。叫这个名字主要是因为它们的身体表面布满了细小的纤毛，看起来像梳子（栉）的齿。这些纤毛像涟漪一样有节奏地摆动，慢慢地推着栉水母在水中穿行。

捕食猎物时，各种栉水母真是各显神通。许多栉水母身上都垂着像鱼线一样长长的触手。这些触手虽然不能像水母的触手那样螫刺，却能喷出黏黏的“胶水”。有些栉水母长着一张活像大号垃圾袋的大嘴，可以把猎物整个吞下去。还有些栉水母的胃里甚至也有“梳齿”，可以像锯子一样把猎物切碎。

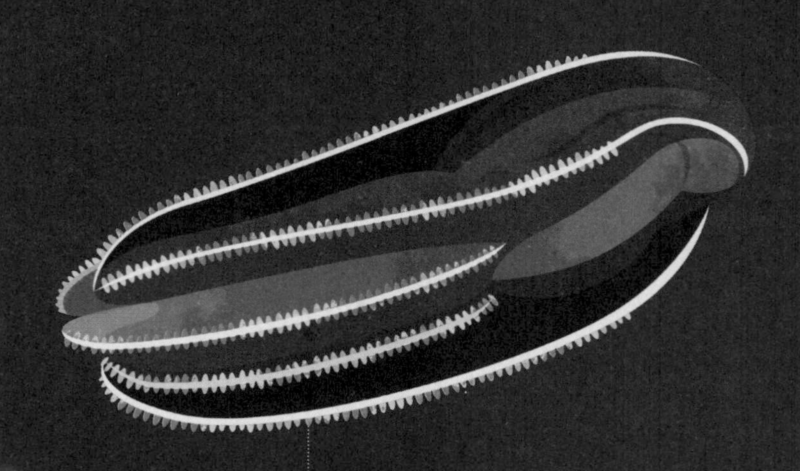

栉水母身上律动的纤毛。

栉水母可以在所有的海洋里生存。瞧，图中这只正在北极海域游动。

纤毛摆动产生的明暗变化可以
让栉水母看上去像彩虹一样色彩斑斓。

当你用天然海绵洗澡时，

它们看起来是无害的，

可是有些海绵活着时却是自然界中的杀手。

这种生活在洞穴中的海绵长着玻璃质的带刺钩子，用来捕捉甲壳动物。

食肉海绵

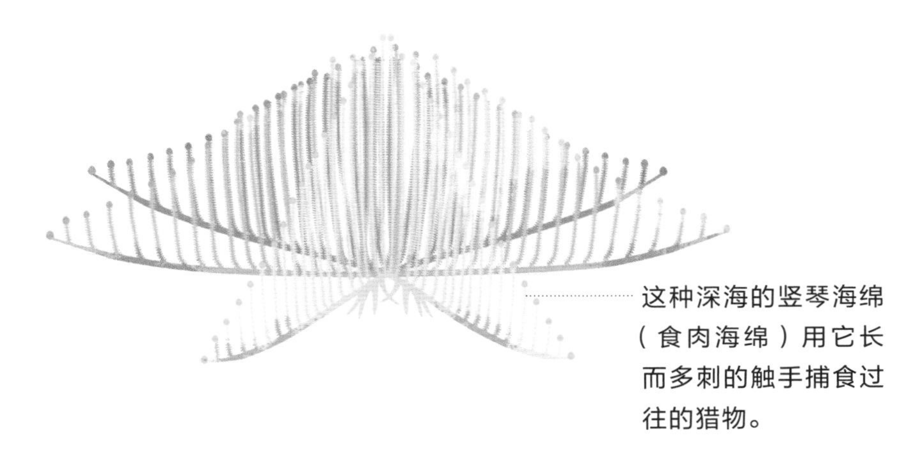

这种深海的竖琴海绵（食肉海绵）用它长而多刺的触手捕食过往的猎物。

你在洗澡时用的天然海绵其实是海绵这类动物的网状骨骼。它们在活着的时候，会用遍布全身的小孔来吸水和排水，从而滤出水里微小的食物来吃掉。而食肉海绵往往生活在很难找到食物的地方，比如深海或洞穴内。在那里，它们得操心更大的问题，捕食甲壳动物等猎物。食肉海绵往往不是靠吸水和排水来滤食，而是采用更直接的手段来捕食。

有些食肉海绵长长的细线状分肢末端长着小而锋利的玻璃钩子，可以像钓鱼钩一样钩住猎物。还有一些食肉海绵长得像一张黏黏的渔网，任何东西进入其中都会被困住。那时，就该食肉海绵施展绝活了：它能够让自己的身体重新排列，从而慢慢地覆盖并消化捕获的猎物。

烟灰蛸长着一对大“耳朵”，
酷似迪士尼经典动画片中的角色小飞象，
所以人们也管它叫小飞象章鱼。

烟灰蛸用它的八条腕
在水中游动。

烟灰蛸

烟灰蛸有一对能够上下拍打、形似耳朵的鳍，可以帮助它在水中“飞行”。这种小动物和豚鼠的个头相当，是现存的栖息地最深的蛸（章鱼）。依靠扑闪“耳朵”的方式来游动虽然速度不快，可是这对烟灰蛸来说无所谓，因为在海洋深处，并没有多少捕食者需要它们担心。

实际上，烟灰蛸因为过得无忧无虑，已经失去了像其他章鱼一样喷墨的能力。不过，生活在海里捕食者较少的地方也有一个坏处，那就是能够获取的食物也不多。所以，这种小巧玲珑的章鱼只要撞见一只美味可口的小虾，就一定会把对方整个吞下去，生怕浪费掉一丝一毫。

多鳞虫

别看人家的名字不起眼，这种蠕形动物（俗称蠕虫）其实是一种非同寻常的动物，应该用“迪斯科亮片咬人虫”或“七彩掠夺者”这样酷炫的名字来称呼才对。

这些海洋蠕虫经常出现在海洋深处高温、喷涌的热液喷口附近，跟普通的蚯蚓（也是一种蠕虫）可完全不同。首先，它们美得令人叹为观止，因为它们厚重的鳞甲会在海水中反射出五彩斑斓的光；其次，它们不像蚯蚓那样用肚皮贴地滑行，而是像水生版的犰狳一样，用类似于腿的刚毛游动；再次，它们非常非常好斗！科学家发现，两只多鳞虫如果靠得太近就会打架，那场面就像是在跳某种奇怪的舞蹈。它们你来我往地发动短距离冲锋，还能用它们强有力的颚从对手身上咬下大块的鳞甲。

两只多鳞虫只要靠得太近，就会开始切磋武艺。

在多鳞虫吃鲸鱼尸体的时候，
它们的大颚正好能派上用场。

有些多鳞虫不光长得五颜六色，甚至还能在黑暗中自行发光。

食骨蠕虫

食骨蠕虫英文名称的意思是
“僵尸蠕虫”。

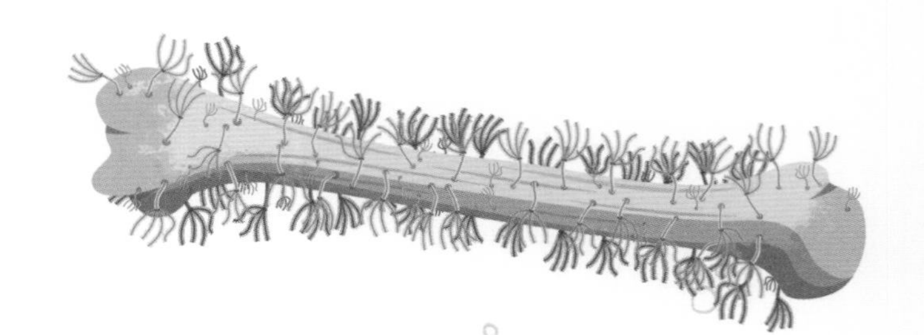

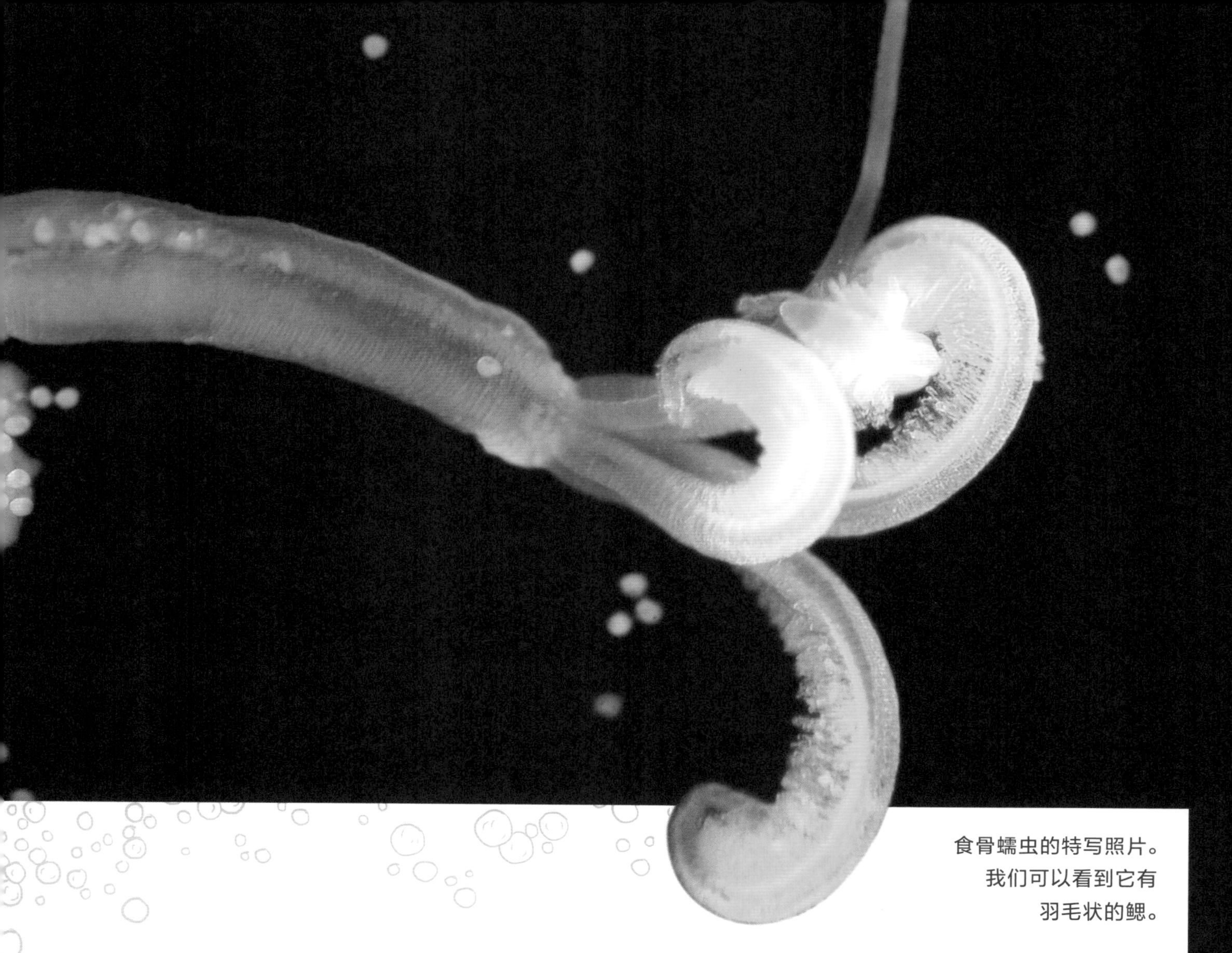

食骨蠕虫的特写照片。
我们可以看到它有
羽毛状的鳃。

2002年，科学家在美国加利福尼亚州的蒙特雷湾发现了不得了的新东西。他们让摄像机潜到海底，竟然拍到了一些活像粉红色鸡毛掸子的东西从鲸鱼的骸骨中探出脑袋。这些东西原来是名叫食骨蠕虫的动物。那些羽毛状的部分是用来在水中呼吸的鳃，而它们身体的另一端则钻进了鲸鱼的骨头里。食骨蠕虫没有嘴，甚至没有胃，它们的进食方式是制造一种黏稠的酸（腐蚀性强到足以熔化骨头），然后用皮肤直接把骨头的营养吸收进血液。

通过对比这些蠕虫造成的孔洞和在古代化石上发现的类似孔洞，科学家认为食骨蠕虫可能早在大约1亿年前的恐龙时代便存在了。

鳞角腹足螺

鳞角腹足螺生活的地方是地球上最奇怪的环境之一。它们的家位于 2000 多米深的漆黑的海洋深处，几乎找不到食物。鳞角腹足螺生活在热液喷口附近。所谓热液喷口就是海床的裂缝，其中会喷出有毒化学物质和超过 400 摄氏度的过热液体。这里的大多数其他生物都是捕食者，比如各种螃蟹和将毒液注入猎物体内的致命蜗牛。

幸运的是，鳞角腹足螺拥有一些能够帮助它们生存的秘密武器。它们与生活在自己肠道中的细菌有着特殊的关系，可以利用这种细菌产生的能量来生产食物。也就是说，这种蜗牛不用自己去寻找食物。鳞角腹足螺的壳里还生活着另一种细菌，它们能从水中提取铁，给鳞角腹足螺打造一层金属盔甲。所以鳞角腹足螺的壳是货真价实的铁甲，它们甚至连脚上也有一层金属保护套。

鳞角腹足螺生活在印度洋的热液喷口附近。

鳞角腹足螺用两个触角来摸索前进，它不需要眼睛。

鳞角腹足螺有一身铁壳和链甲一样的鳞片，
金属含量甚至高到有了磁性！

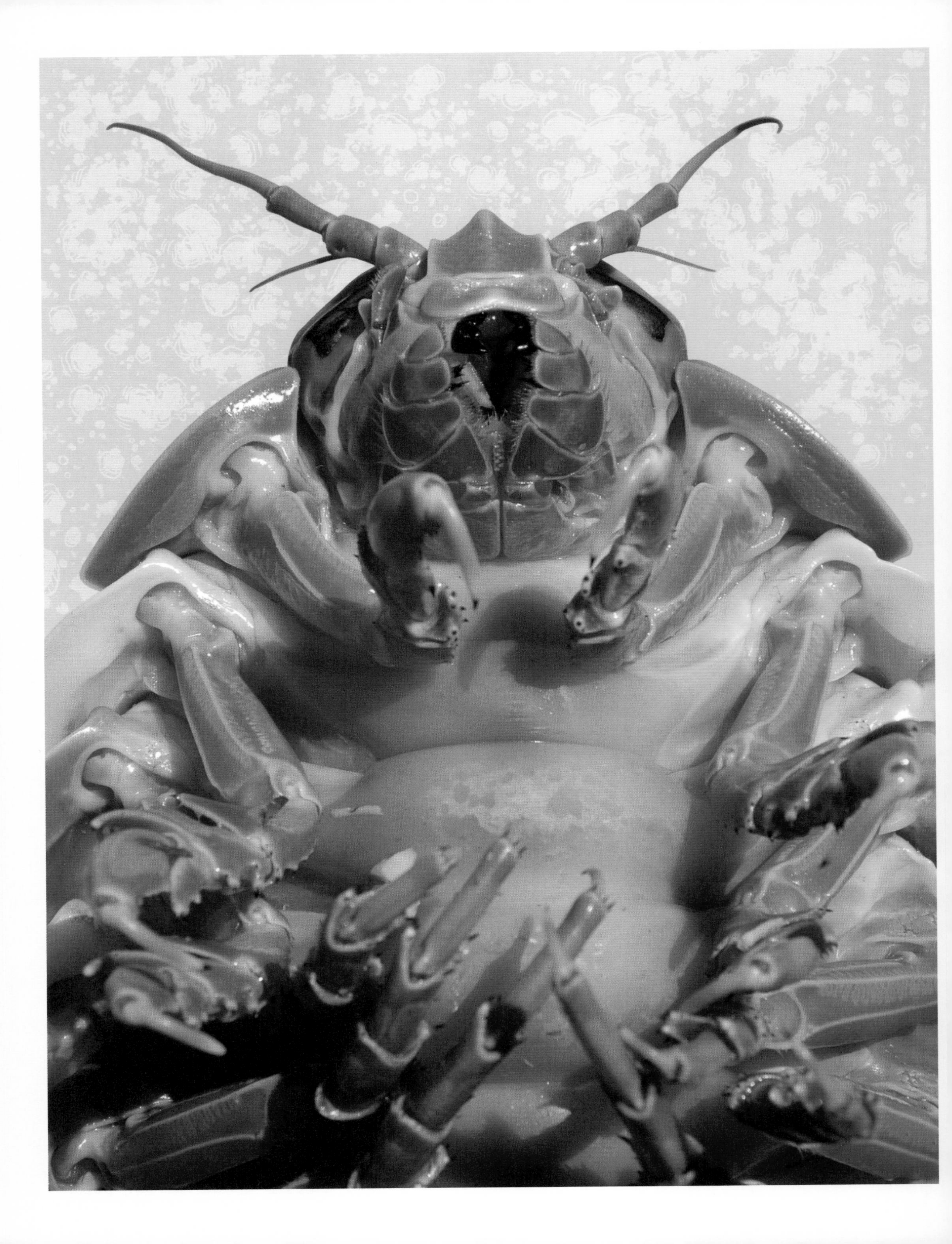

大王具足虫

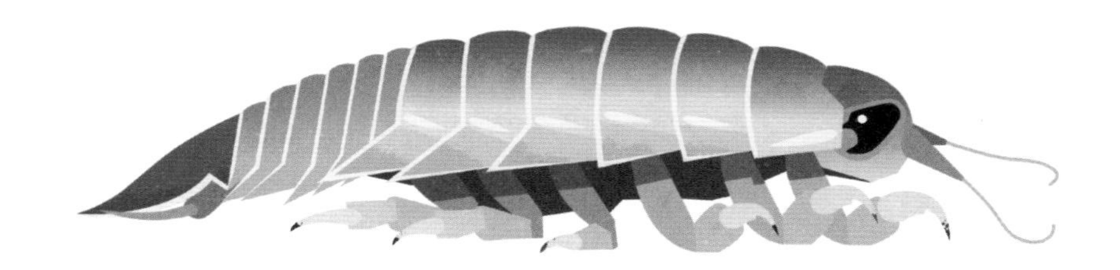

深海里住着一些看起来像外星生物的家伙，这一点也许并不奇怪。毕竟，从很多方面来看，可以说它们确实跟我们生活在不同的星球上——那里没有阳光，也不分四季。除此之外，这些动物还必须承受巨大的压力，因为上方那么多海水的重量都压在它们身上。

奇怪的是，生活在冰冷的深海中，某些海洋动物反而长得比它们的任何亲戚都要大。就拿大王具足虫（巨大深水虱）来说，它的近亲林虱在花园或公园里很常见。虽然它们确实有些相似，可是大王具足虫却比林虱大上几千倍——几乎跟一只宠物猫一样大。为了保持这么大的个头，这种生物的胃口也明显更大，不管新不新鲜，在海床上能找到什么它们就吃什么。

大王具足虫通常是无害的食腐动物，
但它们也可以捕食其他动物，
甚至有它们攻击鲨鱼的记录。

大王具足虫可以蜷缩成
一个球来保护它肉质的腹面。

钻光鱼

海洋深处生活着数以万亿计的钻光鱼，是世界上数量最多的鱼类。

线鳗

线鳗细长的上下颌向外弯曲，这意味着它们永远无法闭上嘴巴。线鳗捕捉虾和浮游生物为食。

巨口鱼

这种深海捕食者的牙齿比食人鱼的更加锋利、坚固，而且它们的长须具有生物发光性。

叉齿鳕

这种非同寻常的鱼是真正的大胃王。仗着自己拥有巨大的胃，这种鱼可以吃掉相当于自身两倍体长、十倍体重的猎物。

管水母

它是由个体动物组合成的集合体，在海洋中自主游动或随波漂流，其中的个体都有专门的分工。

栉水母

栉水母摇曳着成千上万根纤毛，像彩色的热气球一样在水中漂浮。它们通常具有生物发光性。

深海带

深海带也被称为午夜区，它是海洋深处完全没有阳光的部分。正因为这样，没有植物或藻类可以在这里生长。能够在幽暗的海底生存的生物只能寻找从上层海洋沉降下来的食物吃，或者互为食物。

角高体金眼鲷

和自身体形相比，角高体金眼鲷的牙齿大得夸张，非常适合在黑暗中牢牢地咬住猎物。

剑状异腕虾

这种虾有一个保命的妙招：吐出发光的黏液来迷惑捕食者，从而掩护自己开溜。

大王乌贼

大王乌贼是深海的传奇生物。它们可以长到 18 米长，相当于两辆校车！它们的眼睛比篮球还大，是地球上最大的眼睛，可以帮助它们在黑暗的海洋深处看清东西。除了八条腕，大王乌贼还有两条长长的触腕，它们的长度相当于成年人身高的两倍，可以用来捕捉深海鱼类和其他乌贼。

捕捉猎物时，大王乌贼会把猎物拉进它的“喙”里——看起来像鹦鹉的喙，只是大得多。虽然我们很少在海面上看到大王乌贼，但它们其实遍布世界各大洋，数量可能多达 1.3 亿只。大王乌贼几乎没有天敌，只有抹香鲸等少数几种动物才足够大，可以吃掉它们。

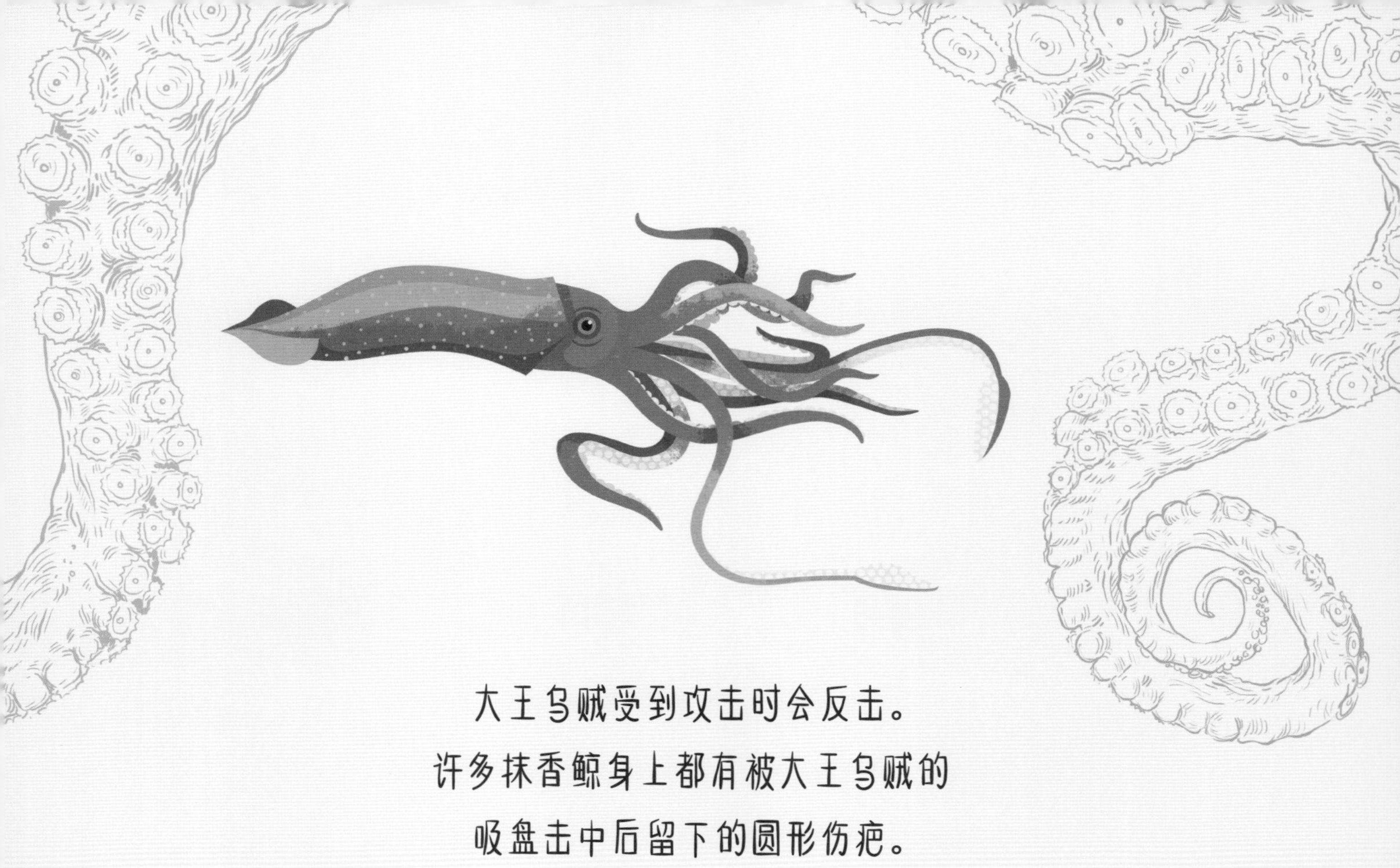

大王乌贼受到攻击时会反击。
许多抹香鲸身上都有被大王乌贼的
吸盘击中后留下的圆形伤疤。

大王乌贼的吸盘上排列着
用来抓住猎物的锋利牙齿。

这头抹香鲸的皮肤上
有与大王乌贼搏斗时
留下的吸盘痕迹。

抹香鲸

抹香鲸可能是海洋中最强悍也最聪明的鲸鱼。首先，它们是地球上个头最大的有齿捕食者——只有无齿的须鲸比它们大。抹香鲸的锥形牙齿非常适合在漆黑的深海里抓住大王乌贼滑溜溜的身体，同时它们也会捕食章鱼、鳐鱼和其他鱼类。

抹香鲸看起来有点像潜艇：它们呈深灰色，体形类似长筒，头部又大又圆。此外，就像潜艇发出声脉冲来探测船只一样，鲸鱼也能发出咔嗒声并倾听回声，从而找出隐藏在黑暗之中的猎物。抹香鲸可以潜到水下 1000 米深的地方，捕猎时可以屏住呼吸长达一小时。这些雄伟的水兽过去常常被人类猎杀，但是凶猛而聪明的它们也会经常撞沉捕鲸船，赫尔曼 · 麦尔维尔正是以此为灵感，于 1851 年发表了著名的小说《白鲸》。

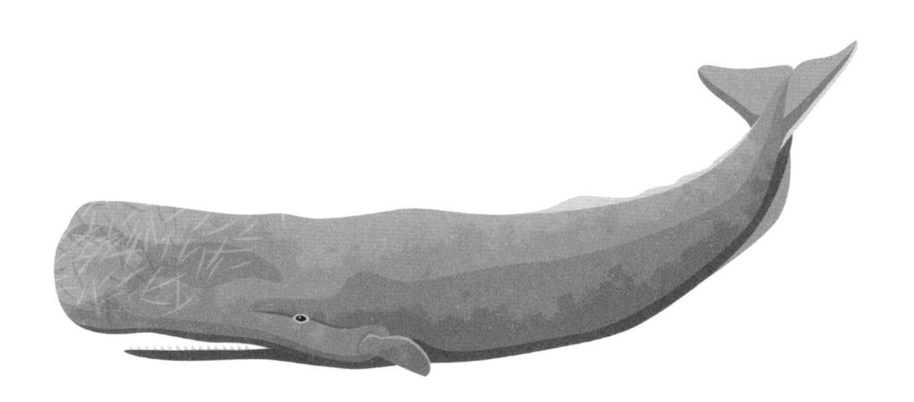

这个物种的
拉丁文名意思是
“来自地狱的吸血鬼乌贼”，
所以叫作幽灵蛸，
可它其实一点也不可怕，
反倒是个胆小鬼。

可以看到幽灵蛸
有两个大眼睛。

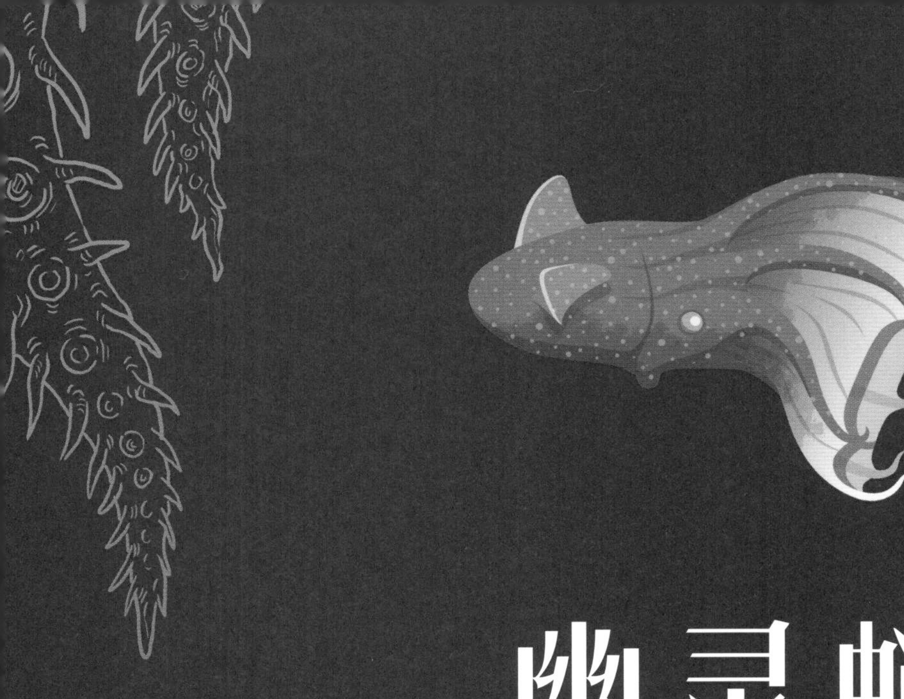

幽灵蛸

幽灵蛸出没于深海中的“氧最小层”，那里黑暗而静谧，氧气稀薄，能在其中呼吸的动物很少。幽灵蛸和乌贼一样有八条腕，但是缺少两条用来抓取猎物的长触腕。不过，它有两根丝状体是一种长绳似的卷须，上面覆盖着黏黏的毛。这两根丝状体可以伸出去捞食“海洋雪”，也就是从上层海水沉下来的死去生物的碎屑。遇到捕食者时，“八腕玲珑”的幽灵蛸也有脱身绝技。它的腕上有明亮的斑点，可以在漆黑的海水中让潜在的攻击者眼花缭乱。如果这招不管用，它就用腕喷出发光的黏性物质，把攻击者装点得活像张灯结彩的圣诞树。结果呢？猎人变成了猎物——更大的捕食者很快就会发现并逮住那只“发光”的动物，幽灵蛸则趁机溜之大吉。

欧氏尖吻鲨

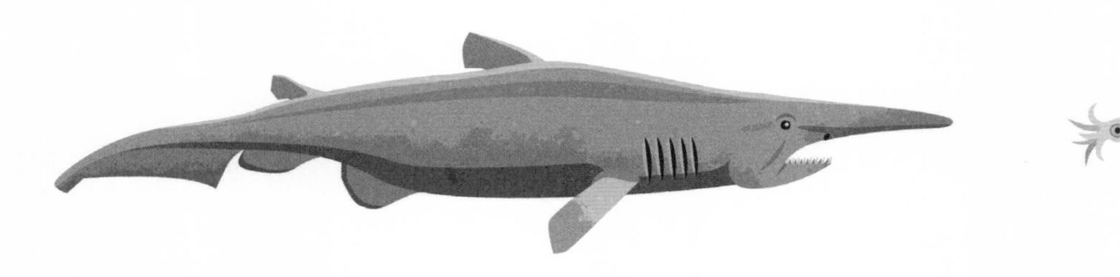

欧氏尖吻鲨有着粉红色泡泡糖似的皮肤、
钉子般的牙齿和可以伸缩的颌，
它的俗名哥布林鲨来自民间传说中的妖怪。

欧氏尖吻鲨不光有个和民间传说有关的俗名，它们在现实中也充满了神秘色彩。事实上，很少有人见过活的欧氏尖吻鲨。这种出没于黑暗之中的生物可能会在晚上靠近水面进食，但是白天都在深达 1300 米的水下捕食鱿鱼和鱼类。

欧氏尖吻鲨的鼻子又大又尖，对于捕猎很有用，更何况它的鼻子上还布满了能够感应电信号的小坑，可以在黑暗中探测到猎物。欧氏尖吻鲨的一口尖牙非常突出，以至于嘴巴都无法闭紧。你看它顶着一个这么长的鼻子，估计会纳闷它是怎么吃东西的吧？别担心，这种聪明的鲨鱼可以让它的上下颌脱臼，张开布满尖牙的嘴巴，出其不意地伸出去捕捉猎物。

欧氏尖吻鲨在海洋深处觅食时，可以把它原本缩起来的上下颌伸出去。

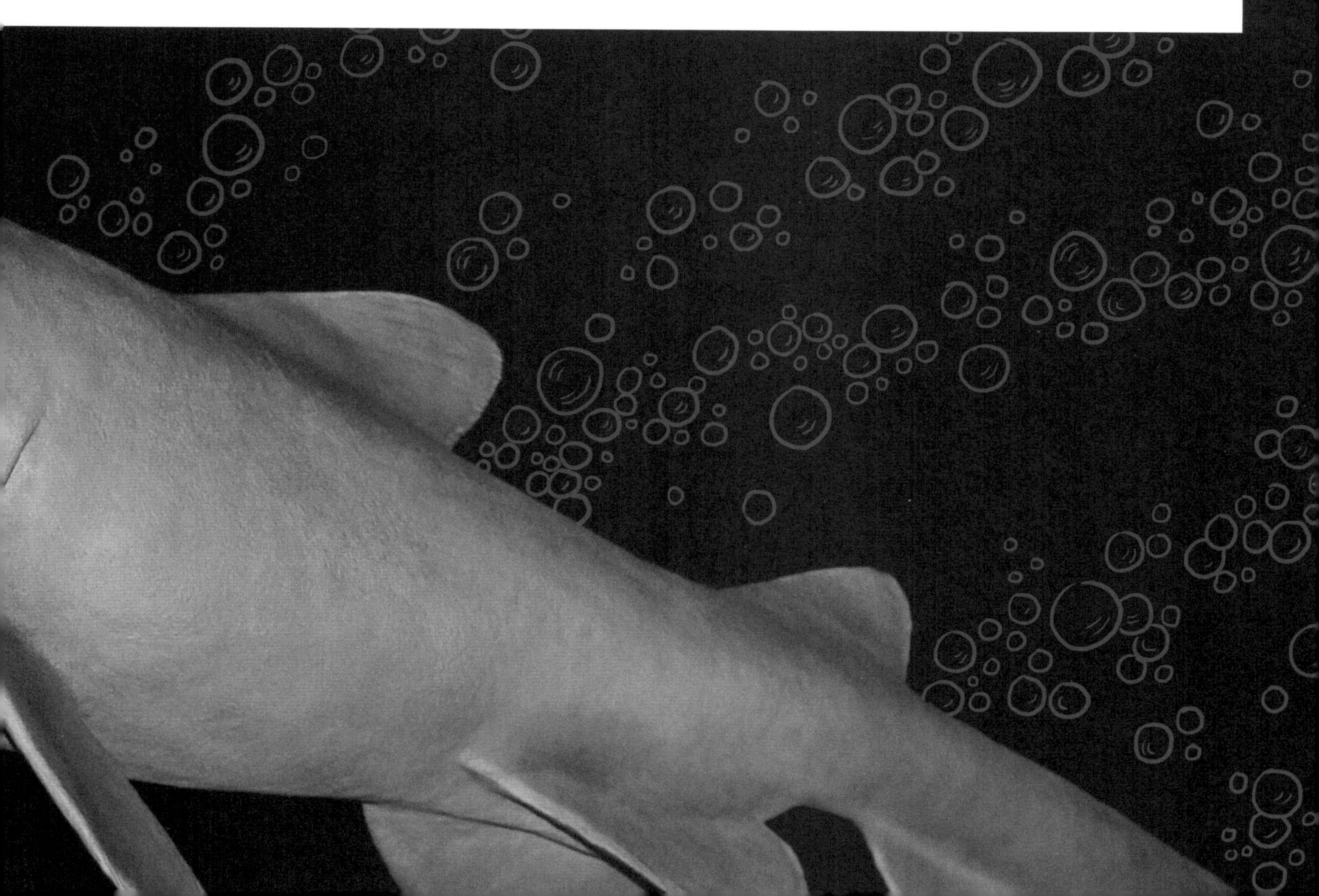

海羊齿

海羊齿或许看起来像植物和羽毛掸子的杂交体，但它们实际上是动物，属于棘皮动物门海百合纲。它们常常“坐”在岩石上，伸着长长的羽毛状触手在洋流中捕食漂过的浮游生物。这些不可思议的触手称为腕，每条腕上都排列着成千上万个又小又黏的脚，它们被称为管足，负责把食物往嘴里送。

海羊齿通常固定在海床上，但如果它决定搬家的话，也可以在水里游动，只是动作不太优美——逐个移动它的腕，看起来就像在狗刨。

海百合是一种古老的动物。
早在恐龙出现之前至少2亿年的时候，
它们就已经生活在海洋里了。

海羊齿的嘴巴
在身体中央。

雄性象海豹的个头几乎
有雌性象海豹的十倍那么大。

象海豹

看见它们的名字里有个“象”字你就知道，这些海豹个头很大——它们是地球上最大的海豹。体形庞大的雄性象海豹可重达 3.5 吨，比 6 头北极熊还要重。象海豹是深潜专家，在寻找猎物时能够屏住呼吸长达 20 分钟，潜泳超过 2000 米。

象海豹一生大部分时间都在海上度过，但它们也会上岸休息和繁殖。壮硕的雄性象海豹要经历一番惊天动地的血腥决斗，才能成为“一滩之主”。获胜者有权与领地上所有的雌性交配——有时可以达到上千头！雄性象海豹的叫声雄浑有力，别具特色，电影《侏罗纪公园》中迅猛龙的叫声就是用它来配音的！

雄性象海豹
的鼻子可以帮助
它们发出洪亮的吼叫。

有记录以来最大的棱皮龟体长超过 3 米，
体重是一头北极熊的两倍。

棱皮龟

这种深水特化种的身躯庞大而厚实，即使在寒冷的水域狩猎，也能帮助它保暖。棱皮龟可以潜到大约 1200 米的深度，这使它轻而易举地成为潜水最深的爬行动物。尽管棱皮龟体形庞大，但它主要以水母为食，所以得吃很多水母。幼年棱皮龟的体重仅相当于一个高尔夫球，可是只要短短 7 年时间，就能长成体重约 700 千克的成体。

棱皮龟没有其他海龟那样的咬合力，但是它有锋利的、剪刀状的颌，可以用来切割水母。水母一旦被它吞下，就再也出不来了，因为棱皮龟的嘴里布满了倒刺，可以阻止水母逃走。

与其他海龟不同，棱皮龟的壳不是骨质的，而是一种类似皮革的韧性皮肤，所以它才得名棱皮龟。

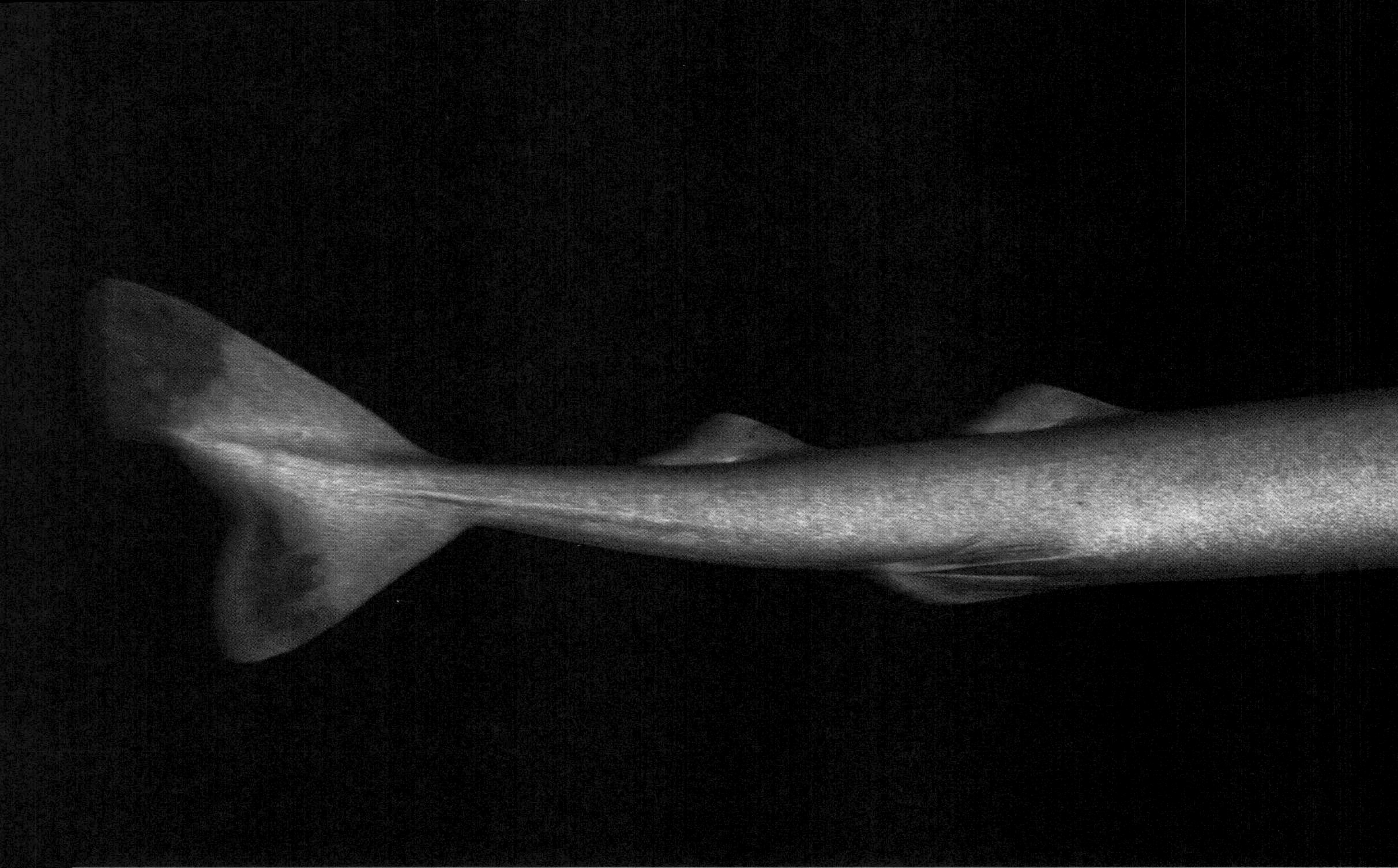

雪茄达摩鲨

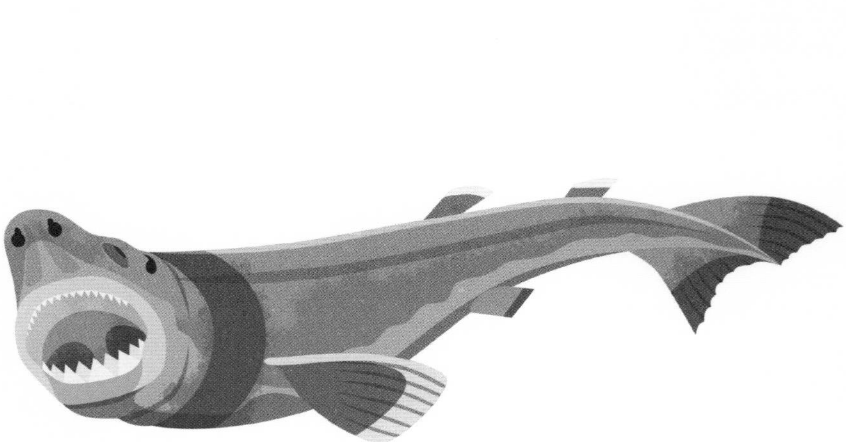

和其他鲨鱼一样，雪茄达摩鲨经常更换牙齿，好让它们锋利如新。

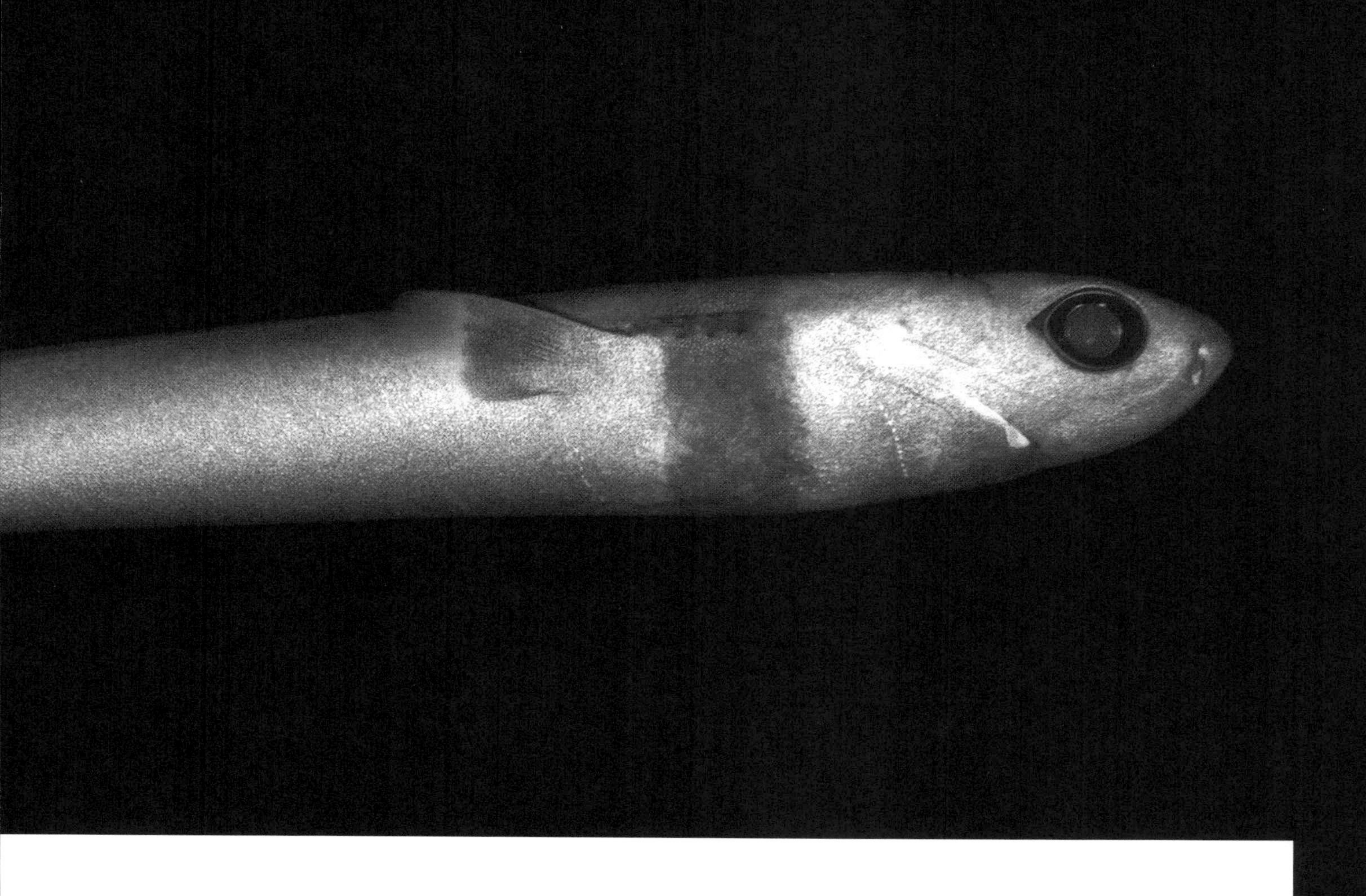

雪茄达摩鲨既可爱又阴险。以鲨鱼的标准来看，它们十分娇小，只有你的胳膊那么长那么粗。然而，它们却是海洋中最令人恐惧的鲨鱼之一。它们有着锋利的牙齿，能够追踪比自己大的动物，比如鲸鱼、金枪鱼，甚至是其他的鲨鱼。它们可以用圆圆的颌把肉从猎物身上挖出来。这些狡猾的鲨鱼还具有生物发光性，可以在黑暗中发光。它们只在脖子周围留下一圈不发光的区域，从下方往上看，这个深色的项圈就像一小块东西挡住了从水面投下的光。大型动物以为发现了一条小鱼可以吃，于是就乐呵呵地凑上前来，结果反被恶毒的雪茄达摩鲨一口咬住！

人们在许多大型海洋动物身上都发现过完美无缺的圆形疤痕，就像是用饼干模具弄出来的。

乔氏茎角鮟鱇

乔氏茎角鮟鱇俗称“扇鳍海魔”。
这种深海鱼可以说是地球上长得最奇怪也最吓人的动物之一。

鮟鱇这种鱼的头上都吊着一个明亮发光的诱饵，在黑暗中像鱼食一样摆动，以吸引饥饿的鱼儿，而它黑色的身体则隐藏在黑暗中。然后它突然露出大牙，一口吞掉倒霉的访客。

乔氏茎角鮟鱇的鳍十分不可思议，活像一根根朝黑暗中延伸的细长胡须。这些“胡须”不仅有助于探测从身旁游过的物体，还点缀着许多小灯。这些小灯可以帮助雄性鮟鱇找到雌性。要知道，寻找配偶在深海可不是一件容易的事情。所以一旦找到了对象，雄性鮟鱇就会咬住对方不放——一咬定终身，至死不离分。

雄性乔氏茎角鮟鱇和雌性相比很小，而且看起来也很不一样。

只有雌性乔氏茎角鮟鱇才有这种又长又精致的扇鳍，而且头上也吊着一个发光的诱饵。

大鳍后肛鱼

幽暗的深海之中有一种长相匪夷所思的鱼——大鳍后肛鱼。人们十分形象地叫它管眼鱼，因为这种鱼有一对凸出的圆眼睛，看起来活像两根管子。它们的眼睛是绿色的，埋在一个果冻似的透明脑袋的中间。这个透明脑袋非常有用，因为大鳍后肛鱼大部分时间都生活在海面以下 800 米深的地方，一动不动地悬浮在水中，眼睛则直接透过脑袋盯着头顶上方看。

深海几乎没有任何光亮，可是大鳍后肛鱼却能分辨出在自己上方移动的模糊的阴影和形状，从中寻找管水母——一种类似水母的动物。一旦发现管水母长长的身影，大鳍后肛鱼就会切换到进食模式，一边游动一边转动眼睛使之面向前方。除了直接啃食管水母，大鳍后肛鱼也会用它的小嘴从管水母的触手上偷东西吃。进食的时候，大鳍后肛鱼会把眼睛妥帖地收起来，所以不怕被蜇。

大鳍后肛鱼的绿眼睛可能有助于辨别管水母的颜色，
就像戴着专门搜寻管水母的护目镜一样。

大鳍后肛鱼的眼睛既可以朝向前方，也可以朝向上方。

大鳍后肛鱼有一对绿色的大眼睛，眼睛下面的两个凹槽看起来也像眼睛，实际上是用来嗅气味的。

髯海豹

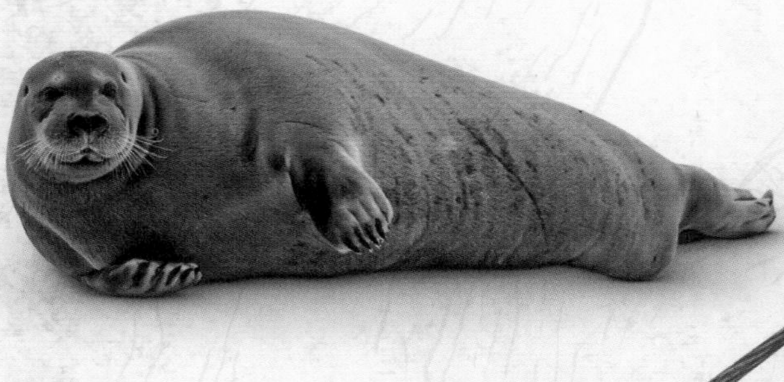

这种拥有一副美髯的海豹是冰上特化种。它们在海冰上栖息和繁殖，一生中可能从来不会接触陆地。

独角鲸

独角鲸也被称为海洋中的独角兽，它们沿着冰层中的裂缝和沟渠活动。那根独角实际上是一颗长牙。

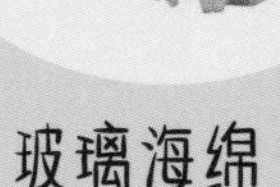

玻璃海绵

最近，科学家在厚达 900 米的冰层下发现一些滤食性海绵竟然生活在一块巨石上。谁也不知道它们是怎么活下来的。

极地海洋

地球两端的极地海洋是地球上最冷的地方：北极圈内的温度低达 −70℃，南极洲的温度低达 −90℃，而且极地的冬天有 4 个月看不到太阳。虽然听起来不太适合安家，可是这些冰冷的海洋同样也可以生机盎然。这里介绍的只是在这种恶劣条件下生活的几个代表性居民。

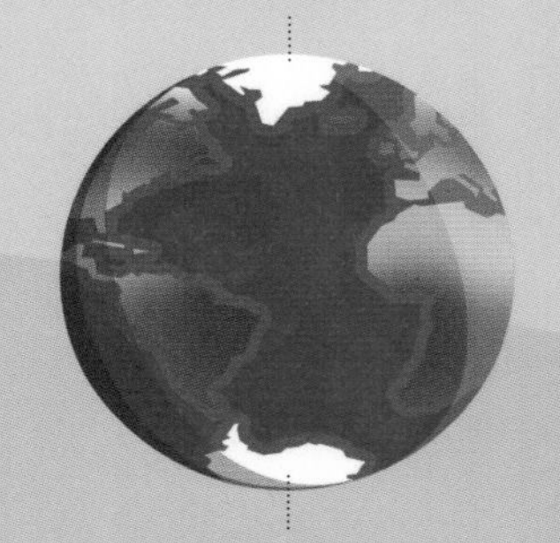

座头鲸

座头鲸会在夏季迁徙到极地海洋捕食鱼类。它们会跃出海面做空翻、用鳍拍水，还会发出优美的歌声。

磷虾

磷虾喜欢吃生长在冰盖下的藻类，而其他所有的海洋动物都喜欢吃磷虾！

冰藻

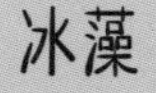

许多不同种类的海藻能在冰上生存，而且往往是在冰层的底面。位于食物链底端的冰藻，对所有极地生物都极其重要。

北极熊

北极熊的拉丁文名意思是“海熊”。它们也的确是游泳健将，擅于在北极的浮冰之间跟踪猎物。

弓头鲸

为了防寒，弓头鲸的脂肪厚达 0.5 米，几乎有你的胳膊那么长。

海象

海象在下水打鱼的间歇通常会拱上冰面休息。如果附近没有浮冰，它们就得游泳去寻找陆地。

格陵兰睡鲨

这种移动起来慢悠悠的鲨鱼可以长到 5 米长，存活 400 年之久。虽然格陵兰睡鲨几乎个个都是瞎子，但它们还是可以捕食海豹，甚至是北极熊。

北极燕鸥

北极燕鸥见过的白昼时光比地球上其他的动物见过的都多。每年北极的夏季结束时，它们都会飞向南方，接着去享受南极的夏季。

帝企鹅

这种企鹅不仅在所有企鹅里个头最大，而且生来就适合冰天雪地的生活。在内外两层羽毛加上脂肪的共同保护下，它们可以在南极 -50 ℃ 的低温中生存。

裘氏鳄头冰鱼

冰鱼的血液中含有抗冻的化学物质，可以防止冰晶在血液中形成。

作为南极洲个头最小的企鹅，阿德利企鹅喜欢抱团活动。
它们时刻都在交谈，打猎也要集体行动。

阿德利企鹅

虽然在陆地上看起来可能很笨拙，可是一旦下了水，阿德利企鹅就能像火箭一样高速突进。它们游泳的平均时速接近 16 千米，比大多数人奔跑的速度都要快。在被饥肠辘辘的豹海豹追赶时，这可是能够救命的本事。

阿德利企鹅虽然是南极洲最小的企鹅，身高只有 70 厘米，却被公认为最凶的家伙。只要遇到看不顺眼的东西，它们就会用小小的翅膀去拍打，哪怕对方是巨鹱、海豹这样的捕食者。就连试图研究它们的科学家也会挨打。雄性阿德利企鹅用小石子建巢，巢建得越大，就越能吸引雌性。所以，有些雄性阿德利企鹅会从其他企鹅的巢里偷石头，好让自己的巢变大。

阿德利企鹅可以潜入水下 150 米捕食鱼和磷虾。

①

②

③

④

浅海

从熙攘的珊瑚礁、巨大的海藻森林，到充满大型鱼群和海豚群的远海，浅海里到处是勃勃生机。生物在水面或水面附近活动主要是因为太阳。太阳用光温暖和照亮了海洋，让喜爱阳光的藻类和其他微小的浮游植物，以及所有喜欢吃它们或依靠它们生活的东西都能茁壮成长。我们人类也是受益者，因为我们这些陆地生物需要呼吸的氧气有一半是由漂浮在浅海的浮游植物产生的。

食物充足的另一个原因是，浅水区是一个动感十足的地方，有汹涌的海浪、激烈的洋流和壮观的潮汐——这一切就像一个大搅拌碗一样搅动着海底的养分，是孕育生命的完美环境。

浅海在海洋表面积中所占的比例不足10%，
却是大多数海洋生物的家园。

①快速游动的海豚
②生意盎然的珊瑚礁
③微小的硅藻
④巨大的海藻森林

噬人鲨

噬人鲨也就是大白鲨，是地球上最大的捕食性鱼类。它的体长可以达到一个成年人身高的三倍，体重可以达到一头灰熊体重的四倍。再加上多达 300 颗的三角形牙齿和地球上名次靠前的咬合力，很容易看出为什么噬人鲨有着令人闻风丧胆的恶名。不过，噬人鲨并不是盲目的杀手，它们其实很少攻击人类。

噬人鲨是精明的猎手。它们喜欢吞食海洋哺乳动物，尤其是海狗，而且它们有一套巧妙的天然伪装来帮助自己捕猎。从海面上往下看——比如从海狗栖息的地方往下看——噬人鲨深灰色的背面会跟下方浑浊的海水融为一体。从下面往上看，则只会看见噬人鲨白色的腹面，而它会被明亮的天空映衬得难以分辨。

噬人鲨皮肤上的鳞片长得像锋利的牙齿。
如果你抚摸它们，有可能会被割伤！

噬人鲨有力的
尾巴推动它在水中穿行。

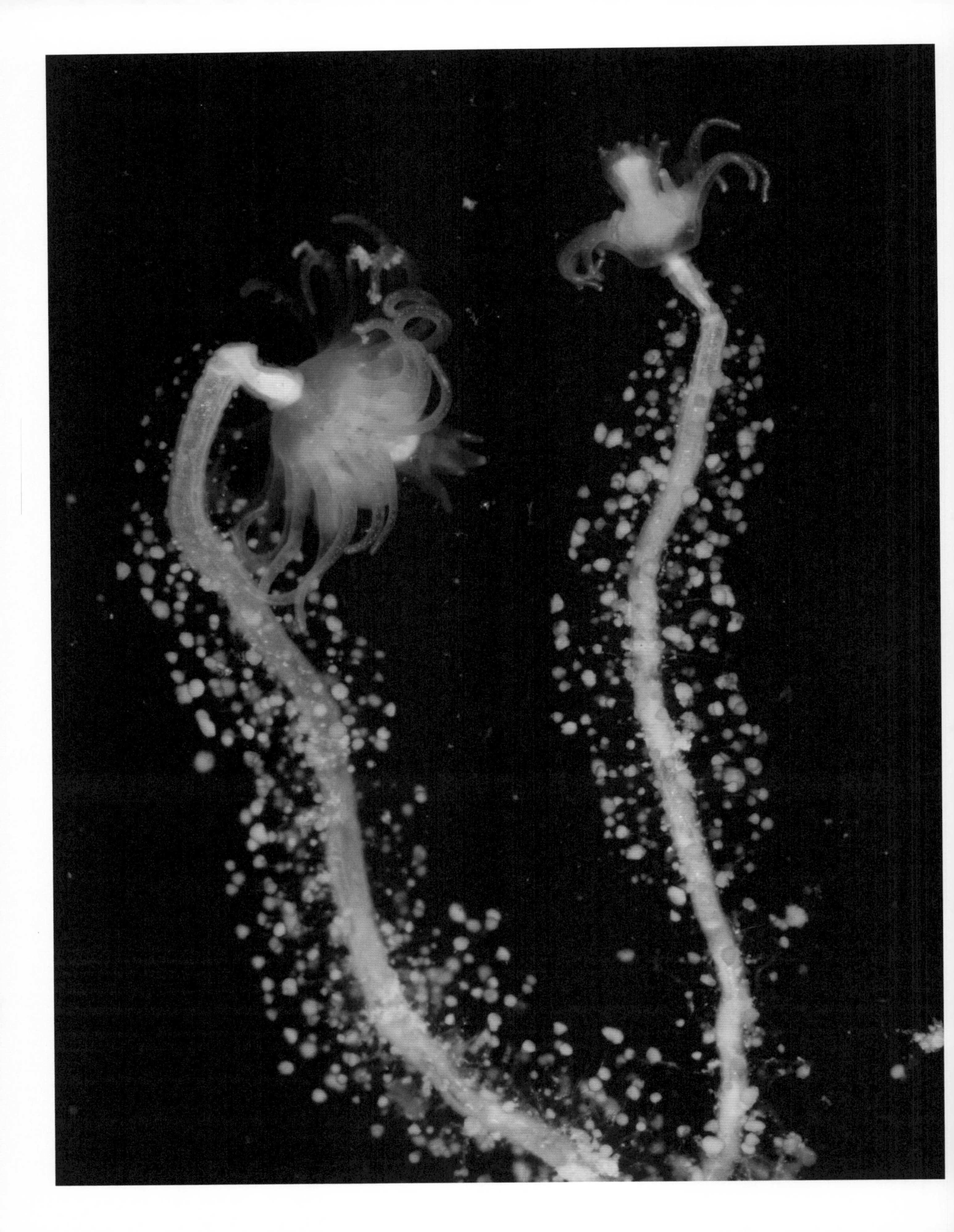

海洋真菌

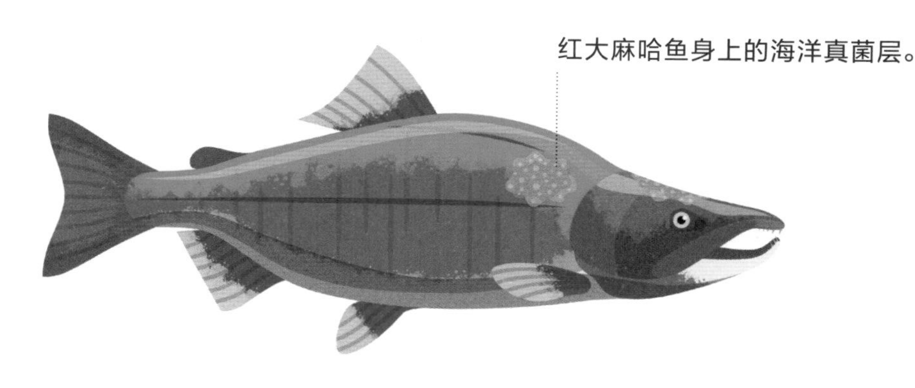

海洋真菌是微小的生存专家，
它们几乎可以生活在海洋中的任何地方和任何东西的表面。

真菌是开锁大师，它们可以闯入别人进不去的地方寻找食物。例如，生长在枯木上的蘑菇能把其他生物消化不了的坚硬木纤维分解掉。在海洋中生存要比在陆地上生存艰难得多，可真菌在海水里却随处可见。海床的沙粒中有它们，太平洋的大麻哈鱼身上有它们，浅海珊瑚礁的海绵表面有它们，甚至连北极圈内也有它们的身影——它们在那里以海藻为食。

海洋真菌往往要借助显微镜才能看见，它们在其他生物体上形成一层黏稠的表层。这使得它们很难被发现，也很难被研究。真菌也很有用。科学家用它们制药来对抗某些疾病。它们还依靠强大的分解能力来维护海洋的健康，而且有些种类的真菌似乎能消化塑料污染物，还有一些甚至有助于分解泄漏的石油。

这些海洋真菌
生长在水母的近亲水螅身上。

太平洋褶柔鱼

太平洋褶柔鱼大概是地球上最酷的动物了。世界上的柔鱼不止一种，它们色彩缤纷，从靛蓝色到深红色。太平洋褶柔鱼的一生可真不容易，它们只有一年的寿命，而且几乎是所有动物的美餐，比如海豚、金枪鱼，甚至是个头大一些的同类！不过，太平洋褶柔鱼想出了一个完美的脱身妙计：它们像水枪一样喷水，将自己倒退着射出水面。一旦腾空，它们的鳍就会变平，并且把腕像扇子一样张开，像翅膀那样。在空中滑翔时，它们必须防范鸟类的袭击，好在它们可以用腕来刹车，然后一头扎进水里来躲避。

太平洋褶柔鱼会成群结队地
翱翔于海浪之上，一次可多达 50 只。

太平洋褶柔鱼实际上并不会飞，
但它们能借助喷水在空中滑翔
9 米左右。

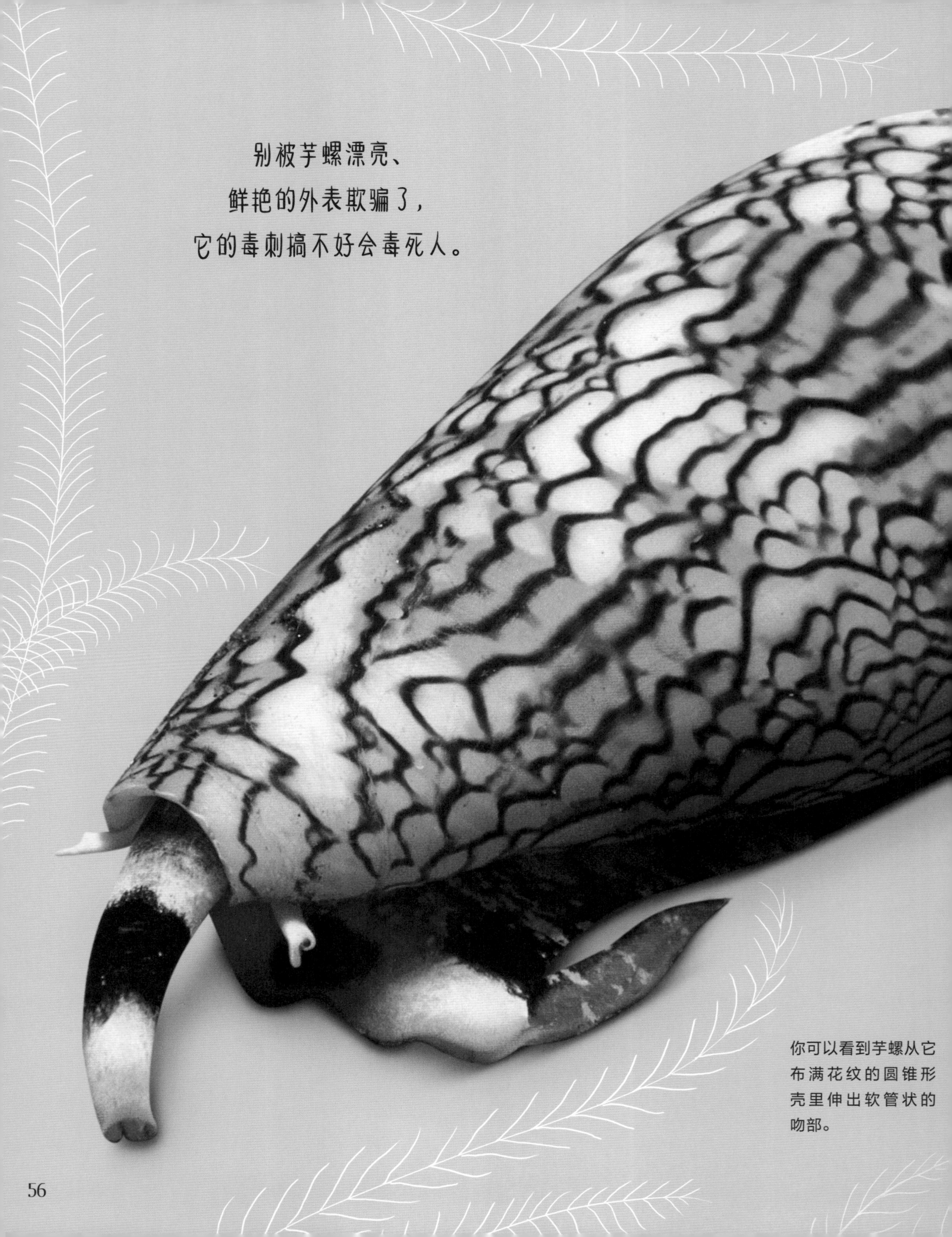

别被芋螺漂亮、
鲜艳的外表欺骗了，
它的毒刺搞不好会毒死人。

你可以看到芋螺从它布满花纹的圆锥形壳里伸出软管状的吻部。

芋螺

芋螺向猎物发射“毒叉”。

腹足动物通常过着慢节奏的生活，所以在提到致命的动物时，它们可能不会率先浮现在你脑海里，然而芋螺可非同一般。大多数腹足动物的吻部里都有一条粗糙的叫作齿舌的带状物。齿舌有点像舌头，在消化食物前可以起到刮削和切割食物的作用。芋螺的齿舌已经进化成了一种非常不同的东西——有毒的、像矛一样的“鱼叉”，毒性足以杀死人类。

当芋螺（慢慢地）接近一条毫无防备的鱼时，它会把一根又长又软的管子（长管状的吻）指向猎物，就像狙击手用枪指着猎物一样。接着，它从软管里射出“鱼叉”，速度就跟子弹一样快。“鱼叉”的毒液极其强劲，以至于鱼儿几乎来不及抽搐就瘫痪了。这时，芋螺便能从容不迫地将猎物卷入口中。

加州海狮

看到这个名字，你可能会以为加州海狮只生活在美国的加利福尼亚州。然而，在野生环境下，它们其实分布在北至加拿大，南至墨西哥的广大范围内，又称为南海狮。这些聪明的海狮总是在寻找唾手可得的美餐。它们可以成群结队地捕猎，有时还会与鲸鱼和海鸟一起捕捉成团旋转的鱼群。当鱼群聚在一起躲避其他捕食者时，加州海狮就会趁机去捕捉它们。

与许多的海豹不同，加州海狮可以把它们的鳍状肢放在身体的正下方，所以它们在出水上岸以及陆上移动时方便得多。也许正因为这样，它们才经常在船和码头这样不寻常的地方打盹吧。

加州海狮喜欢待在一起。
当它们像狗一样大声吠叫时，
其聚居地会变得响声震天。

这些加州海狮
正在捕食一大群鱼。

巨纵沟纽虫可以通过皮肤吸收糊状的稀食。
也许这就是它们长这么大的原因——
因为这样它们可以吃得更多！

吃东西的时候，巨纵沟纽虫从它的嘴里发射出一根叫管状吻的进食管。

巨纵沟纽虫

你可能以为世界上最长的动物是蓝鲸，其实并不是。最长的动物是一种叫巨纵沟纽虫的蠕虫。这种蠕虫很有弹性，很难确切地说它究竟有多长。曾经有一条巨纵沟纽虫在暴风雨后被冲上岸，它的长度足足有 55 米，几乎是一条蓝鲸的两倍长。不过，巨纵沟纽虫长归长，却只有你的手指那么粗。

按照一条虫的标准来看，巨纵沟纽虫真够可怕的。它的拉丁学名的字面意思是“不犯错误的人”。的确，在捕食其他的虫子、螃蟹和鱼时，巨纵沟纽虫从不会失误，从不会错过它的猎物！这些奇怪的蠕虫通常生活在海岸线上，不是在潮池里和海藻之间，就是在巨石下面。巨纵沟纽虫可能看起来很脆弱，但是它们可以产生一种黏糊糊的毒素，毒性强大，足以立刻杀死螃蟹等小动物。

巨纵沟纽虫可以用嘴把猎物拉进去，然后整个吞下。

海藻森林

从水面上看，巨藻就像一团蓬乱纠结、随波漂浮的棕色卷发。可是从水下看，它却是一片不可思议、参天耸立的森林。可以长到50米高，是陆上森林或丛林平均高度的两倍。难怪会有那么多不同形式的生命在海藻森林里“安家”。这里展示的几种生物便是其中的代表，它们生活在美国加利福尼亚州蒙特雷湾的海藻森林里。

北太平洋巨型章鱼

世界上最大的章鱼常生活在海藻森林中，因为那里有许多地方可以供它们狩猎和藏身。

狮鬃海蛞蝓

狮鬃海蛞蝓有一张大嘴，可以鼓起来捕捉小型甲壳动物。

海胆

海胆可以成片地摧毁海藻森林，因为它们锋利的五颗牙齿会切断海藻的根。

红脚钟螺

长长的海藻叶片是螺类的高速公路。它们白天会沿着海藻上行，到海面上觅食。

灰鲸

海藻森林非常大，甚至可以让迁徙中的灰鲸和它们的幼崽藏身其中，躲避虎鲸的捕猎。

海獭

海獭捕食海胆，帮助控制了海胆的数量，否则海藻森林可能会成片地消失。

巨藻

巨藻一天可以长高 0.6 米。巨藻的每片叶子上都有一个小小的气囊来保持它向上生长。

高欢雀鲷

高欢雀鲷就像大号的坏脾气金鱼。它们会守卫自己在海藻森林中的地盘，驱赶一切入侵者。

海盘车

海盘车是一种比较大的海星。它们会追逐海蜗牛。逮到猎物之后，它们就会把自己的胃从嘴里挤出来，包住猎物。

鲍

鲍因为五光十色的壳而为人所知。它们的确需要这层保护，因为几乎所有的海洋动物都想吃它们。

蓝鲸

蓝鲸不仅是现存最大的动物，有可能还是古往今来存在过的最大的动物。记录中最重的蓝鲸重达 190 吨，是霸王龙的 20 倍。光是它的舌头就有一头非洲象那么重。这种巨大的哺乳动物从嘴到尾可达 33 米，相当于一架大型喷气式客机的长度。为了长到如此巨大，蓝鲸大部分时间都在海量吞食微小的浮游生物。蓝鲸的嘴里没有牙齿，而是长着一种叫鲸须的东西。鲸须是刚毛林立的大薄片，像巨型的八字胡一样挂在它的嘴里。蓝鲸在发现成团聚集的美食时会张大嘴巴，吸进能装满一个游泳池的水，然后通过鲸须将水排出，只吞下困在嘴里的浮游生物。

别看蓝鲸体形巨大，
它们却无法吞下比葡萄柚大的东西，
因为它们的喉咙实在太小了。

由于蓝鲸的皮肤弹性很好，
它们的嘴里可以装下
和自身体重相当的食物和水。

豹海豹的牙齿上有凹槽，
可以帮助它们将磷虾
从水里过滤出来。

豹海豹

和名字相似的大型猫科动物豹一样，豹海豹也是披着斑纹外皮的可怕猎手。豹海豹是一种长相奇怪的动物，它的脑袋看起来和龙一样，鼻孔很大，大大的嘴里布满了牙齿。和一般的海豹相反，雌性豹海豹比雄性的个头要大，而且体重可能比北极熊还重，体长是成年人身高的两倍。

豹海豹是食肉动物，胃口很大，从磷虾和章鱼到企鹅和海狗，几乎什么都吃，甚至还有猎杀人类的记录——幸好豹海豹在陆地上行动相当缓慢和笨拙。可是到了水里，追逐猎物的它却能像一颗光滑的灰色子弹一样疾驰。

豹海豹的吃相很吓人。

它们用力摇晃猎物，甚至会把猎物摔成碎片。

雄性蓑鲉打架就像骑士比武。
它们低下头，用背上的长刺对戳。

蓑鲉

乍一看，你可能会觉得蓑鲉行动这么迟缓，体形这么纤细，肯定不是什么狠角色。然而，它的外表具有欺骗性。蓑鲉大约有小孩子的头那么大，它轻轻地漂浮在水中，身体两侧和背上立着羽毛状的鳍。这些鳍里藏有锋利、带毒的倒钩。如果你被一只蓑鲉刺伤，那可不是一般的疼，而且可能会疼上好几个星期。

蓑鲉身上的条纹就像老虎的条纹，可以帮助它们掩饰自己，融入周遭环境，它们纤细的鳍混在海扇和海葵之中也难以分辨。借助这身伪装，蓑鲉可以慢慢地漂到小鱼附近足够发动袭击的位置，然后突然前冲，把猎物一口吸进嘴里。

蓑鲉，比如这条触须蓑鲉，
来自印度洋和太平洋
温暖的热带水域。

印度尼西亚海床上
亮晶晶的球法囊藻。

球法囊藻

在热带海洋成堆的珊瑚碎石中，你可能会发现闪亮的球法囊藻像眼睛一样在看着你。这可不是什么惨烈的海战留下的遗迹，而是一种最令人着迷的藻类。这些闪亮的球又叫气泡藻，它们有的只有豌豆那么小，有的却长得比乒乓球还大。

在水下，球法囊藻表面非常光滑，可以呈现出黑色、银色或绿色，富有光泽，所以它们也被称为海珍珠。我们的身体由大约 30 万亿个细胞组成，这些细胞都小到肉眼看不见，而球法囊藻只由一个细胞组成，它是地球上最大的单细胞生物之一。

如果你把一个球法囊藻戳破，
里面流出的黏液会长成许许多多的球法囊藻。

灯塔水母

灯塔水母的直径只有 4.5 毫米，却长着大约 90 条触手。

20 世纪 80 年代，
科学家首次发现灯塔水母具有逆生长的神奇能力。

水母是从看起来像花的水螅体发育而成的。

水母的一生从一颗小小的卵开始。卵发育成一个形状不规则的小肉团（浮浪幼虫）后会游动一段时间，然后把自己固定在海床上。接着，它会继续发育成一个被称作“水螅体”的东西，看起来有点像花，既有茎又有带褶边的顶部。最后，幼小的水母像向日葵的花从茎上脱落一样，从水螅体上分离出来，游走了。

然而，对于一只水母来说，成长的过程压力不小，因为不仅有很多东西想要吃它，而且有时周围也没有足够的食物供它吃。好在灯塔水母拥有一种不可思议的超能力——它能在日子艰难的时候逆生长。实际上，它还可以做得更多，灯塔水母不仅能从成体变回水螅体，还能从水螅体再变回成体！由于灯塔水母可以像这样无限地来回切换，所以它们只要不被吃掉或者生病，就永远不会死去。

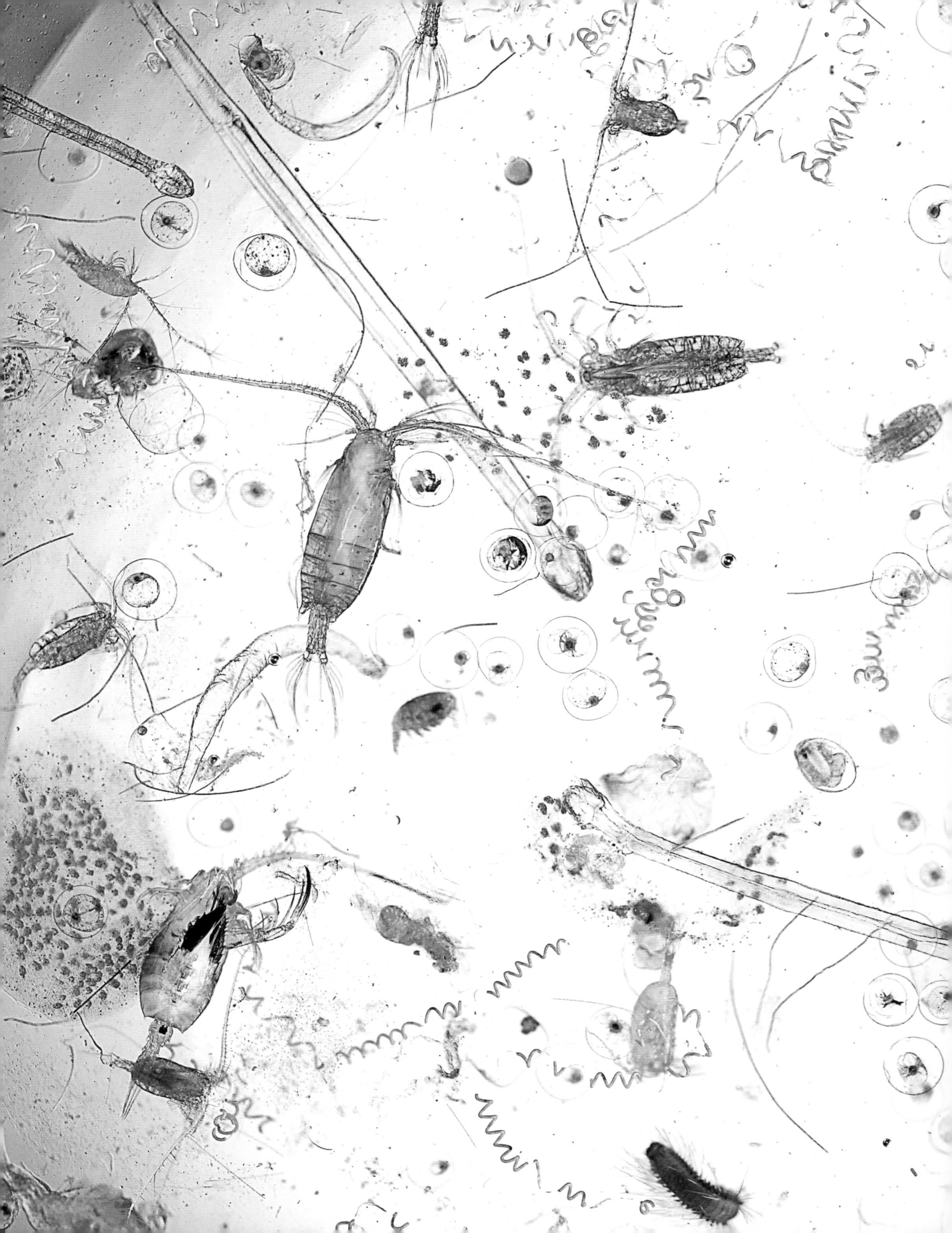

一朵浪花里含有成千上万的微小的藻类、植食性动物和肉食性动物。

海洋浮游生物

浮游生物虽然处于食物链的底端，
但它们对海洋生物至关重要，
从最小的鱼到最大的鲸都离不开它们。

海洋里充满了无数微小的植物和动物，统称为浮游生物。这个名称来自希腊语，意思是“漂泊者”。的确，这些小生命长得不够大，也不够强壮，无法对抗潮汐或洋流，只能随波逐流。不过，它们并非一辈子如此，很多生物只有在幼年时才是浮游生物，比如很多鱼类、螃蟹和海星。

其他类型的浮游生物，比如只有在显微镜下才能看见的藻类，则是终生浮游生物。虽然浮游生物无法对抗洋流，但是其中的浮游动物却能靠自主游动来躲避捕食者。它们通常白天躲在海洋深处，夜里浮上表层。

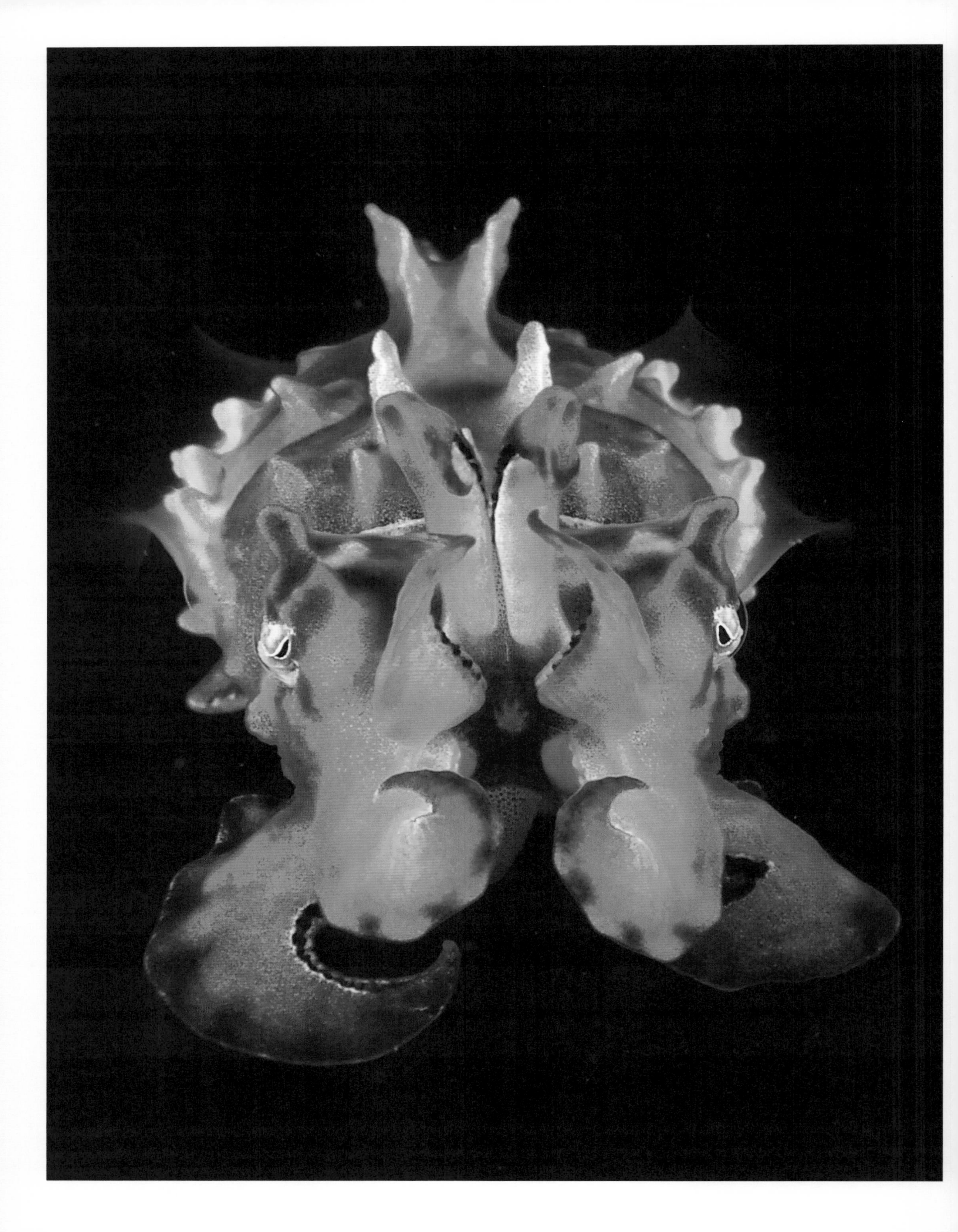

雄性火焰乌贼比你的手指大不了多少，
但是它的毒液却能毒死人。

火焰乌贼

人们说浓缩的都是精华，这句话放在火焰乌贼身上还真是贴切。这种色彩斑斓的软体动物看起来就像是为了在晚上跳弗拉门戈舞而盛装打扮了一番似的，只是——和一般的头足类动物不同的是——火焰乌贼在白天相当活跃。我们经常可以看到雄性火焰乌贼在海床上招摇过市，用它们的腕行走而不是游泳。这些亮丽的颜色看起来很漂亮，但它们其实是一个警告——这种软体动物是有毒的，和蓝环章鱼一样致命。

像其他乌贼一样，雄性和雌性火焰乌贼都可以改变自己的颜色，进入伪装模式，然后悄悄靠近甲壳动物和鱼类，直到距离足够近时发动突然袭击。雄性火焰乌贼在躲避捕食者，或者向雌性求爱的时候才会拿出自己最炫目的表演。雄性火焰乌贼的个头只有雌性的十分之一，所以它必须用舞姿来赢取芳心。

火焰乌贼的腕
可以伸到身体下方，
像脚一样在海床上行走。

东太平洋绒毛鲨

鲨鱼并不是个个都凶猛，有些反而是如假包换的胆小鬼。例如，东太平洋绒毛鲨就和其他种类的猫鲨一样，对人类无害。虽然这种鲨鱼嘴里有好几百颗锋利的牙齿，但它们往往只用张大嘴巴吸水的方式来捕食鱼类和甲壳动物。有时它们甚至会张着大嘴坐等猎物自投罗网。

东太平洋绒毛鲨生活在东太平洋温暖的海水中。它们的皮肤呈棕色和沙色，上面布满斑点，具有很好的伪装效果，可以与潮池还有充满藻类的海岸线融为一体。受到惊吓时，它有个奇招来脱身：蜷缩成一圈，咬住自己的尾巴，然后吸入大量的水，让自己膨胀变大。这么做可以让捕食者很难下口，如果卡在岩石下面，还能让对方更难抓住自己。为了缩回正常大小，东太平洋绒毛鲨会一边像狗一样吠叫，一边把水咳出去。

膨胀起来时，
这种非同寻常的鲨鱼可以变成正常大小的两倍。

一条膨胀的
东太平洋绒毛鲨
在美国加利福尼亚州的
珊瑚礁中游动。

长吻原海豚

这种顽皮的海豚还有个十分贴切的名字——飞旋原海豚。因为它们喜欢跃出水面，在空中旋转多达七次。这么做不光是为了好玩，可能还有助于清除身上的寄生虫。

蓑鲉

小心蓑鲉！它的鳍看起来很漂亮，但是里面却藏着带有致命毒液的尖刺。

珊瑚礁

珊瑚看起来像植物，但它们实际上是由数以百万计的微小动物缔造的。珊瑚虫与水母和海葵亲缘关系密切。虽然珊瑚礁只占全世界海洋面积的百分之一，但它们却是四分之一海洋物种的家园。这里展示的所有奇妙的海洋生物都栖息在印度尼西亚拉贾安帕群岛的温暖水域。

蓝灰管状海绵

海绵是终极的团队作者，因为每个海都是由成千上万个小的动物组成的。灰管状海绵通过它管子抽水排水，滤水中漂浮的残渣。

六孔胡椒鲷

这些鱼噘着嘴唇，所以也被人们称作甜唇鱼。不过，它们所在的生物学分类在英语里的意思是“哼哼”，这是因为它们会用牙齿发出类似猪哼叫的声音。

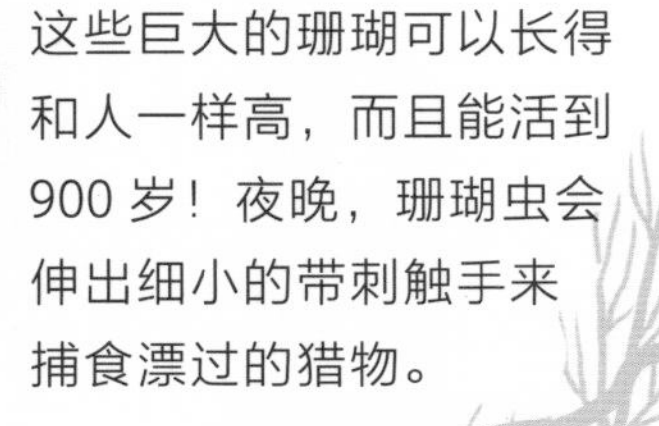

脑珊瑚

这些巨大的珊瑚可以长得和人一样高，而且能活到900岁！夜晚，珊瑚虫会伸出细小的带刺触手来捕食漂过的猎物。

法螺

这种不可思议的软体动物是吃棘冠海星的专家，它们擅于使用锯子一样的嘴把海星切碎。这么做有助于控制海星的数量。

珊瑚礁常常被誉为海洋中的雨林，
因为这里充满了丰富多彩的生命，
就像陆地上的丛林一样。

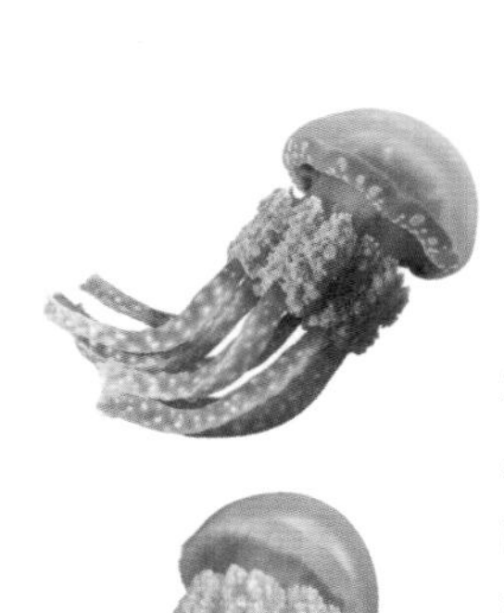

黄金水母

这些美丽、温和的水母靠身上喜爱阳光的微小海藻来获取能量，所以它们不需要用毒刺来捕食其他动物。黄金水母每天都会跟随阳光迁徙到海洋表层。

丝鳍拟花鮨

丝鳍拟花鮨过着集体生活，一条雄鱼带领着许多雌鱼成为一群。如果雄鱼死了，一条雌鱼就会变成雄性来接替它！

玳瑁

玳瑁长着鸟喙似的嘴巴，因此也称作鹰嘴海龟。它们热爱珊瑚礁，主要以海绵为食，可以用狭窄的嘴将海绵从珊瑚礁的角落里剥离出来。

清洁虾

这种勤劳的小虾可以帮助鱼儿保持卫生。它们会从任何碰巧经过的鱼身上捕食寄生虫、死皮和食物残渣。

乳白肉芝软珊瑚

并不是所有的珊瑚都有坚硬的骨骼。这种软珊瑚身上长着类似皮革的肉质褶皱，看起来像毒蕈。

棘冠海星

这种巨大的海星以珊瑚为食，能毁掉整片珊瑚礁。进食的时候，它们把自己的胃从嘴里挤出来，盖住珊瑚，然后就地消化。

侏儒海马

这些小鱼身长不到2.5厘米，不细看很难发现。当它们用尾巴缠绕在珊瑚上时，那身完美的伪装几乎以假乱真。

仙掌藻可以长到 25 厘米高。

仙掌藻粗笨的分节看起来像是
用胶水粘到一起似的。

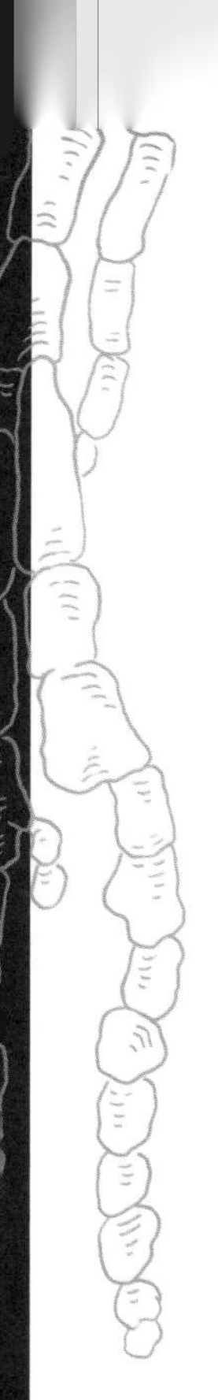

仙掌藻

藻类总体上是一群稀奇古怪的家伙。最常见的大概要数海草了，比如布满多汁鼓包的墨角藻、遮天蔽日的巨藻。不过，论起奇怪，很少有藻类比仙掌藻更奇怪了。这种海藻生活在热带浅海，尤其是珊瑚礁周围。

仙掌藻由许多的绿色小圆盘组成，看起来就像把贝壳排成一列粘起来似的。仙掌藻的内部更加古怪，因为它们竟然有一副骨骼。由于仙掌藻全身上下充满了碳酸钙——一种在蛋壳和珍珠里都存在的硬物质，一般的食草动物嫌它嚼起来太脆了。仙掌藻死去后，它们的骨骼会变成灰白、沙黄的底座，供新一代的仙掌藻在上面生长，慢慢地越积越高。澳大利亚的大堡礁便存在大片甜甜圈形状的仙掌藻构造物，它们已有数千年的历史。

翻车鲀是地球上最重的硬骨鱼之一。

翻车鲀

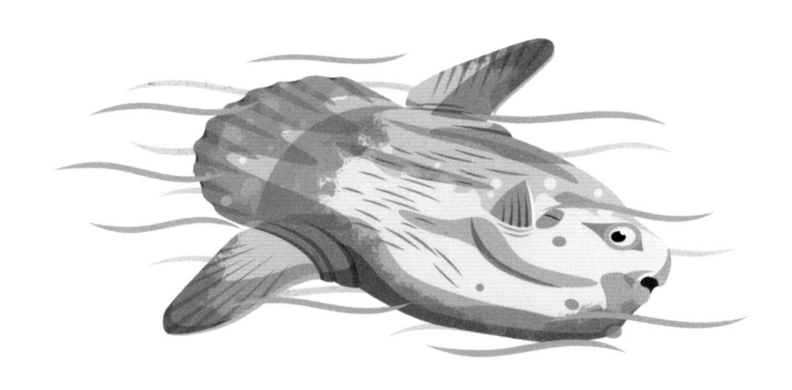

翻车鲀，也称为翻车鱼。它的长相非常怪异，看起来活像从一个扁平、粗壮的大脑袋顶部和底部各伸出一个鳍。这种鱼个头很大，重达2000 千克，比有些河马还重！

翻车鲀在水面和深海之间游动，不断寻找食物。它们不挑食，无论是水母、浮游生物、鱿鱼、甲壳动物还是鱼类，都能吃得津津有味。由于嘴巴不能完全闭上，翻车鲀便通过吸水和吐水的方式，让水中的猎物在牙齿和喉咙上撞成碎片。在黑暗的深海中狩猎很冷，实在冷得受不了时，翻车鲀就会浮出水面，侧着身子晒太阳，所以它们也被称作太阳鱼。

翻车鲀从上鳍尖到
下鳍尖的长度可达 4 米，
相当于一头大象的身高。

埃氏细螯蟹

埃氏细螯蟹用螯举起海葵，充当抵御捕食者的武器。

埃氏细螯蟹也被称为拳击蟹，因为它们拿着海葵的样子看起来就像戴着拳击手套。

蟹是令人生畏的生物。例如，隆背哲蟹的螯比鳄鱼的颌还要有力，高脚蟹能用比人腿还长的腿抓取猎物……算了，我们还是看看埃氏细螯蟹吧。

这种花哨的小蟹只有瓶盖那么大，螯也小得可怜。由于它们很容易被捕食者一口吞掉，所以它们就想出了一个特别的防御手段。聪明的埃氏细螯蟹用它们的螯抓起带刺的海葵，像啦啦队员拿着绒球一样挥舞它们。那副模样看起来好像在跳舞，其实是在挥手警告周围所有的生物：要么退后，要么挨蜇。

如果一只埃氏细螯蟹只有一只海葵，
它就会把海葵撕成两半。
海葵不会死，
而且分开的两半都会长回原来的大小。

从这张紫海扇的特写照片中
可以看到它带有水螅体的分枝。

紫海扇

紫海扇看起来很脆弱，
实际上它们天生就能适应强大的洋流，
甚至可以在飓风中存活下来。

紫海扇看起来就像一株被压路机压扁的小树苗，让人很难相信它其实是一种动物——柳珊瑚。如果你仔细观察它的分枝，你会看到成千上万条“小胳膊”（小刺）在向你招手。这些小海葵似的小刺是水螅体，它们会捕捉一切漂过的食物。

海扇的骨骼具有韧性，和你的指甲成分相似，所以海扇即使在水中弯曲和摇摆也不会断裂。紫海扇喜欢把它的枝条直接对着水流，或者靠近汹涌的波涛，好让水螅体尽量多地捕捉浮游生物给它吃。

拟态章鱼被人们发现过的“扮相”有大螃蟹、魟、海葵，还有虾蛄。

拟态章鱼身上的条纹模仿了某些有毒动物的颜色，比如海蛇。

拟态章鱼

那是水母？比目鱼？还是蓑鲉？不，那是海洋中的伪装大师拟态章鱼。这种章鱼通常有着黑白相间的体色，并且在白天捕食。可是在印度尼西亚的远海上，许多其他的捕食者都能发现它。为了避免被吃掉，拟态章鱼可以改变自己——把皮肤变成不同的颜色，把腕摆成不同的姿势，学着像其他动物一样运动，或者模仿其他动物的形态。

这种章鱼非常聪明，它甚至可以模仿潜在的捕食者最想避开的动物。例如，当危险的、会咬人的雀鲷出现在附近时，拟态章鱼会将八条腕中的六条伸进一个洞里，将另外两条朝相反的方向伸直，形成一条长线。接着，它再改变这些腕的颜色，并摆动它们，让自己整体看起来酷似一条灰蓝扁尾海蛇——一种毒性很强的海蛇，也是雀鲷的天敌。

海草

海草是完全生活在海洋中的唯一的开花授粉植物。

水草修长、青翠的绿叶随波舞动，看起来就像陆地上迎风摇曳的草。和陆地上的草地一样，水下的海草地上也有各种各样的植食性动物。其中包括海牛和儒艮，以及海龟、海鸟、海胆，甚至是真菌。海草地不仅能提供食物，而且还是完美的藏身之所。或许正因为这样，包括乌贼、鲨鱼和海马在内，那么多的动物才会把它们用作繁殖地和育儿所吧。

海草地在世界上许多地方的浅盐水域都有分布。它们吸收的碳是陆上森林的 35 倍，而森林是阻止地球升温的重要武器。不幸的是，当船只和船锚搅动海床时，这些敏感的植物很容易受到破坏。过去 150 年里，世界上三分之一的海草地都消失了，好在如今越来越多的人正在努力保护这种宝贵的生境。

像一些陆地植物一样，
海草也有根、茎和叶，
并且开花结籽。

儒艮在阳光明媚的浅水地带游得奇慢，
以至于身上可以长出海藻，变得发绿。

儒艮

看着儒艮那扁平的大鼻子，还有肥大的身躯，很难相信水手们曾经以为这家伙是美人鱼……慢吞吞的儒艮喜欢吃海草，只生活在咸水中，而它们个头大一些的近亲海牛既可以生活在咸水中，也可以生活在淡水中。儒艮大多数时候动作缓慢，可是它们只要把那条酷似海豚尾巴的尾巴摆起来，也可以做到迅速开溜，特别是附近有虎鲨的时候。

成年雄性儒艮长着獠牙，并且会为了争夺雌性，用獠牙跟其他雄性激烈地搏斗。一旦雄性儒艮赢得了配偶，夫妇两个将会终身相守。这可是一件了不起的事情，要知道儒艮可以活到 70 岁呢。

这只儒艮正在红海的一片海草地上进食，
它的身旁是一条年幼的黄鹂无齿鲹。

旗鱼

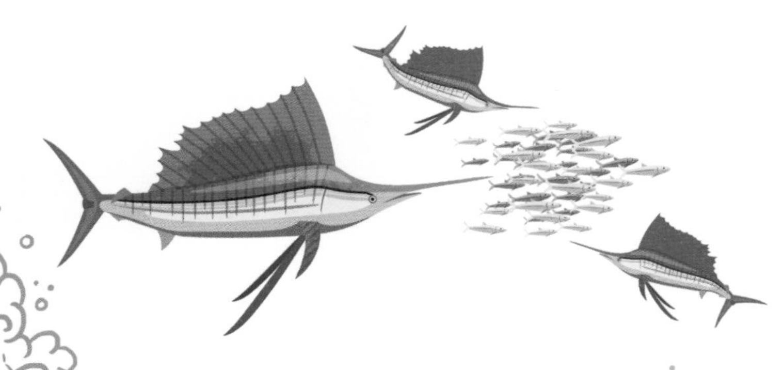

旗鱼的速度最高可以
达到 110 千米 / 时，
足以跟上高速公路上行驶的汽车。

一条旗鱼在加勒比海袭击一群沙丁鱼。

旗鱼用长矛似的上颌（叫作“喙”）在海里破水而行，它们个个都是速游健将。“鱼如其名”，旗鱼背上的第一个鳍就像一面旗帜，它的高度甚至会超过旗鱼躯干的高度。旗鱼在发现沙丁鱼之类成群的小鱼时，会绕着鱼群转圈，并且把这面“旗帜”升起来当屏障使用，挡住小鱼的去路。

旗鱼不仅是世界上速度最快的鱼，而且它们经常成群捕猎，最多的时候成员可达 50 条。一旦接近目标，旗鱼就用喙左砍右刺，把可怜的猎物打晕，有时甚至会刺穿它们。当旗鱼的攻击结束时，水里就只剩一团闪闪发光的鱼鳞了。

一只澳大利亚短平鼻海豚
在巴布亚新几内亚附近的
海浪中戏水。

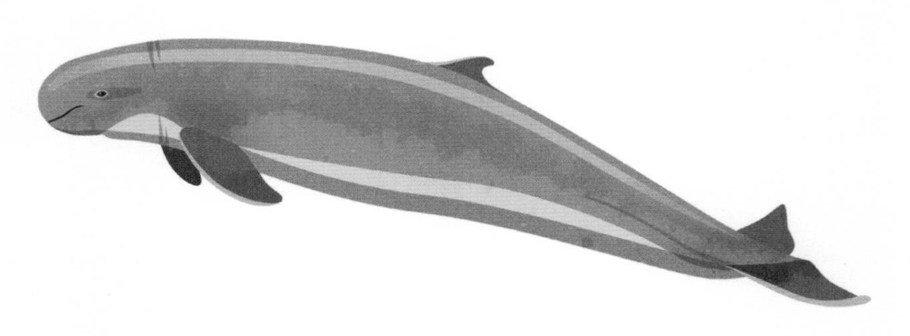

澳大利亚
短平鼻海豚

澳大利亚短平鼻海豚直到2005年才被认定为一个单独的物种。
现在科学家依然在试着了解它们。

这是个可爱的另类。它没有大多数海豚那样长长的鼻子和苗条的身体，而是有圆圆的脸、可以伸缩的脖子，还有一个娇小（不如说奇短）的背鳍。

它们生活在澳大利亚和巴布亚新几内亚附近，在泥泞的沿海水域捕食小鱼，用类似声呐的咔嗒声来寻找猎物：它们发出的声波在水中传播，遇到物体后反弹，以此知道猎物的方位。靠近猎物后，它们用力拍打尾鳍，把对方打晕，甚至打飞。鸟儿有时会俯冲下来，抢走它们的战利品，所以它们还准备了另一招：朝自己前方喷出一股股巨大的水柱。目前还不清楚像这样吐口水对捕食有什么帮助，也许这么做能把鱼群赶到一起吧。不管怎样，这一招似乎确实能让鸟儿暂时回避。

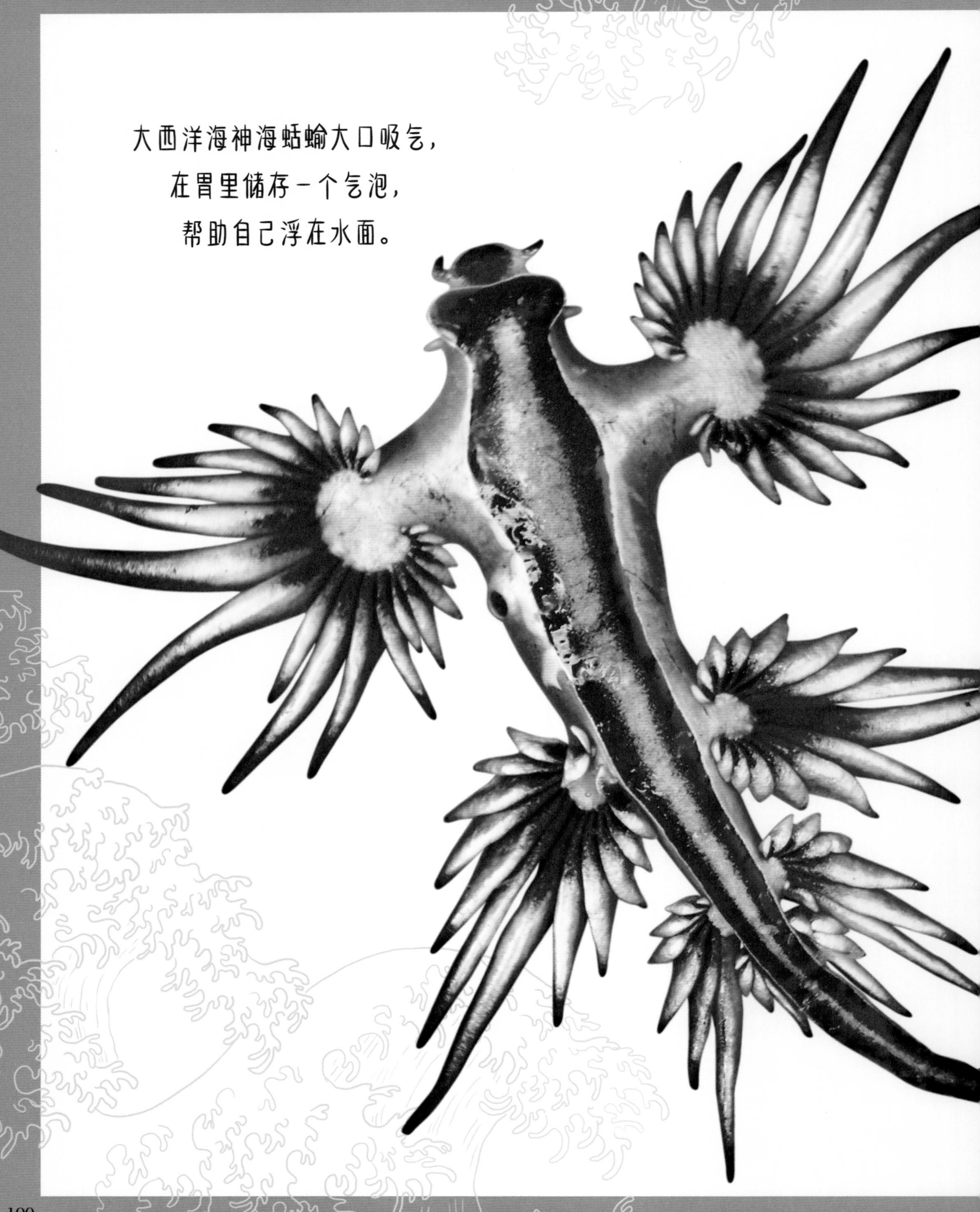

大西洋海神海蛞蝓大口吸气，
在胃里储存一个气泡，
帮助自己浮在水面。

大西洋
海神海蛞蝓

如果你遇到这种俗称蓝龙的生物，你可能会以为它来自另一个星球。它的全身上下都是亮蓝色和银色的条纹，从它牛头状脑袋上的角尖，顺着湿滑的背部，一直延伸到细长尾巴的末端。它还长着像长长的触手手指组成的“翅膀”。更不得了的是，它还是一个有毒的大师级捕食者。那么，蓝龙究竟是何方神圣呢？答案是……一条海蛞蝓，比你的小指头还小！

大西洋海神海蛞蝓生活在海面上。它们捕食水母和管水母（包括致命的僧帽水母）。一旦抓住猎物，大西洋海神海蛞蝓就会小口小口地啃光那个可怜鬼。令人惊讶的是，它们竟然可以吸收水母的刺细胞，把带毒的倒钩储存在“翅膀”的尖端，变成自己的武器。

大西洋海神海蛞蝓会把猎物吃到连渣都不剩。

大西洋海神海蛞蝓的颜色可以让它更好地隐藏在海浪中。

湿地

地球上的一些地方经常或者被河流和海洋淹没，或者被雨水浸润，很少处于干涸的状态。这些处于水陆之间的湿润地带叫湿地，那里的生命可以在转瞬间经历天翻地覆的变化。许多沼泽湿地底部都有腐烂的植物残骸，那是呼吸空气的陆生植物被洪水淹没后留下的。

大量的植物残骸既可能毒化水质，让鱼类和两栖动物无法呼吸，也可以形成供新生命萌发的完美肥料。对于那些能够适应这种过山车式生活的生物来说，只要知道去哪里找，湿地就不缺食物吃。

世界上 40% 的动植物都依赖湿地生存。

①芦苇
②海牛
③博茨瓦纳的奥卡万戈三角洲
④粉红琵鹭
⑤美洲豹
⑥食人鲳

①

②

③

④

⑤

⑥

世界上总共有八种水雉。
它们生活在非洲、亚洲、南美洲与
大洋洲的热带和亚热带湿地。

水雉

水雉是鸟类家族的大脚怪。它细长的脚趾伸展开来几乎和整个身体一样长，可以帮助它在浮叶植物上支撑自己的体重。水雉喜欢在莲叶之间捕食，把莲叶翻过来，寻找下面的蜗牛、鱼或昆虫吃。水雉有很多时间是用脚行走的，甚至好几种水雉几乎完全不会飞。为了躲避危险，它们可以隐藏在水下，只用露出水面的喙来呼吸。

水雉的巢常筑在浮叶植物上，这让它们可以避开陆地上的捕食者。和一般的鸟不同的是，水雉的孵蛋工作往往由水雉爸爸负责，大部分的育儿工作也是。如果雏鸟需要保护，水雉爸爸会把它们夹在翅膀下面，带到安全的地方。

这只非洲水雉用翅膀夹着它的宝宝。你看见雏鸟尖尖的脚趾从下面露出来了吗？

这张丝叶狸藻的照片被放大了很多倍。
你可以看到中间有一个囊，
它的周围是能够感应触觉的毛。

丝叶狸藻

丝叶狸藻可以说是植物界的虎鲨了。的确，它是一种“来者不拒”的杂食植物，从小昆虫到藻类，什么都吃。

丝叶狸藻的分枝上点缀着许多像小气泡的陷阱囊。每个陷阱囊都有一个门，周围分布着许多非常敏感的毛，它们的作用相当于防盗报警器。等待猎物接近的状态下，陷阱囊的门是关闭的，囊壁则向内弯曲，形状就像你用嘴使劲吸东西时凹陷的脸颊。一旦猎物触碰到毛，门就会打开，把猎物和水一起吸入囊中，然后让它们慢慢变成糊状。不过，捕获的食物并不是由丝叶狸藻独享。科学家已经发现，丝叶狸藻的陷阱囊中生活着一整个群落的微生物（例如细菌、真菌和藻类），它们一起分享猎物。

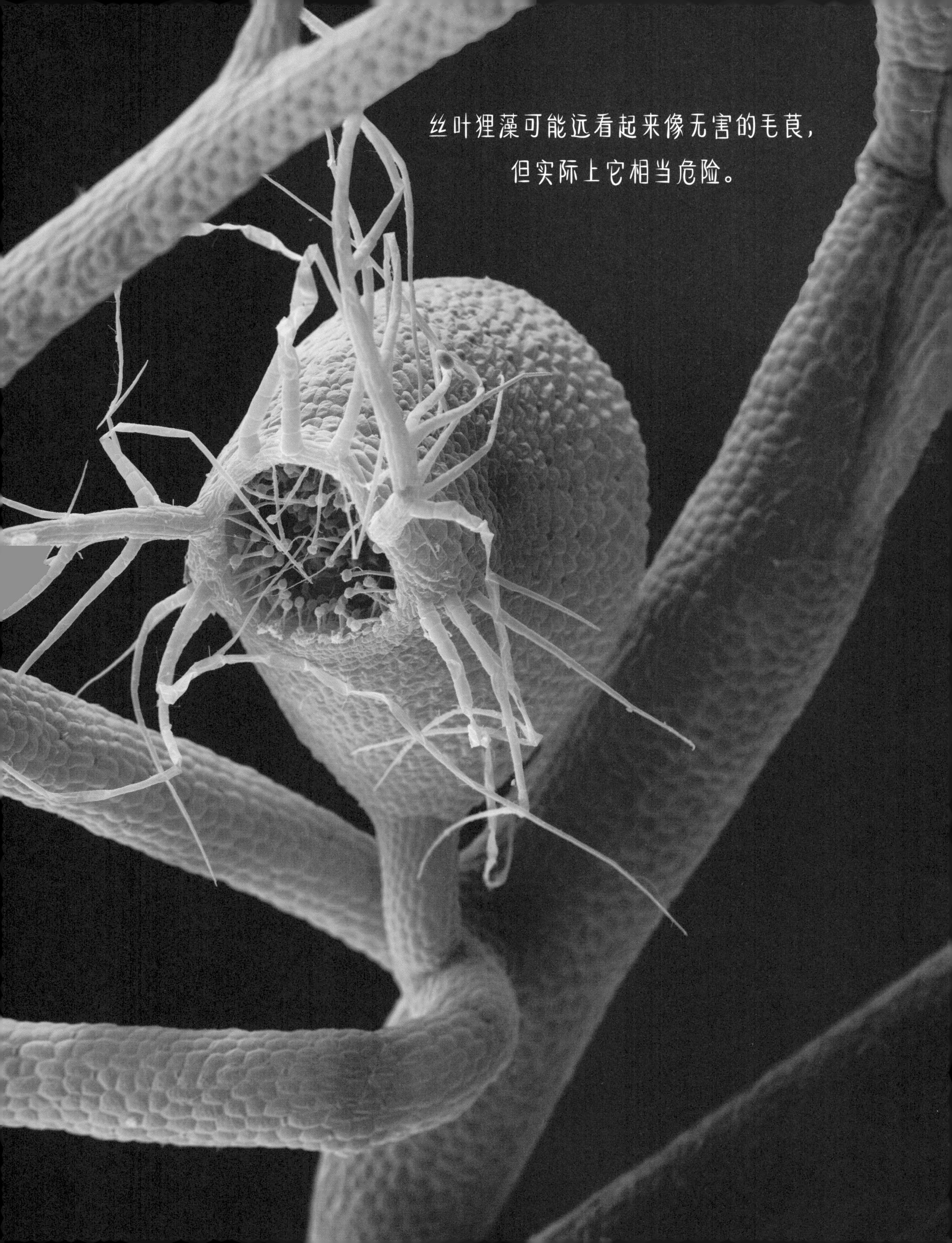

丝叶狸藻可能远看起来像无害的毛茛，
但实际上它相当危险。

黾蝽

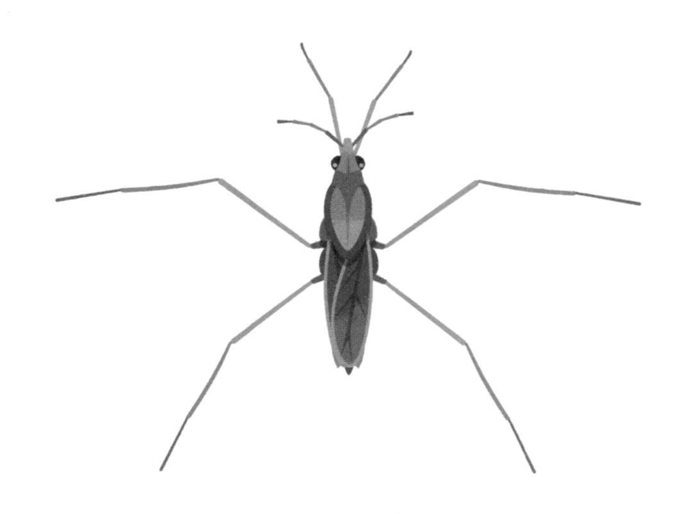

黾蝽（也称水黾）能在池塘的水面健步如飞。这件看起来不可思议的事情被它们变得容易起来。它们之所以能凌波微步，秘密就在毛茸茸的脚上：成千上万根细毛包裹着小小的气泡，让每只脚都能像救生筏一样稳稳当当地浮在水面上。事实上，它们的脚可以承受自身体重 15 倍的重量，所以即使在下雨或刮风的时候，它们也不会下沉。

像所有的昆虫一样，黾蝽有三对足。较短的前足用来抓取水面上的猎物，中足用来划水，后足用来控制方向。黾蝽是为速度而生的。它们能以每秒前进 100 个自身长度的速度在水面上大步来去。这相当于一个成年人以每小时 650 千米的速度游泳。

这些敏捷的刺客会跳到落水挣扎的昆虫身上，
用匕首似的锋利的喙捅死它们。

黾蝽的长腿可以帮它们
在水上行走时分散体重。

泥炭藓

这种苔藓特别致密，不光能浮在水面上，甚至能承受住一头麋鹿的重量。许多国家都有它的身影（如本页各图），特别是在北半球。泥炭藓有一种超能力——它很喜欢水，能像海绵一样吸水。如果把它浸在液体里再捞出来，你可能会发现它的重量变成了原来的 25 倍。正是由于这种超强的吸水性，第一次世界大战时人们用它来包扎伤口。

泥炭藓的叶子上分布着成千上万个大大的空细胞，它们即使在泥炭藓死后也能保持水分。死去的泥炭藓最终会腐烂，会有更多喜水的苔藓在其上生长，逐渐形成非常潮湿泥泞的厚泥炭层。这是一种弥足珍贵的生境，可以供丰富多样的植物茁壮成长。

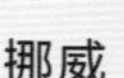

挪威

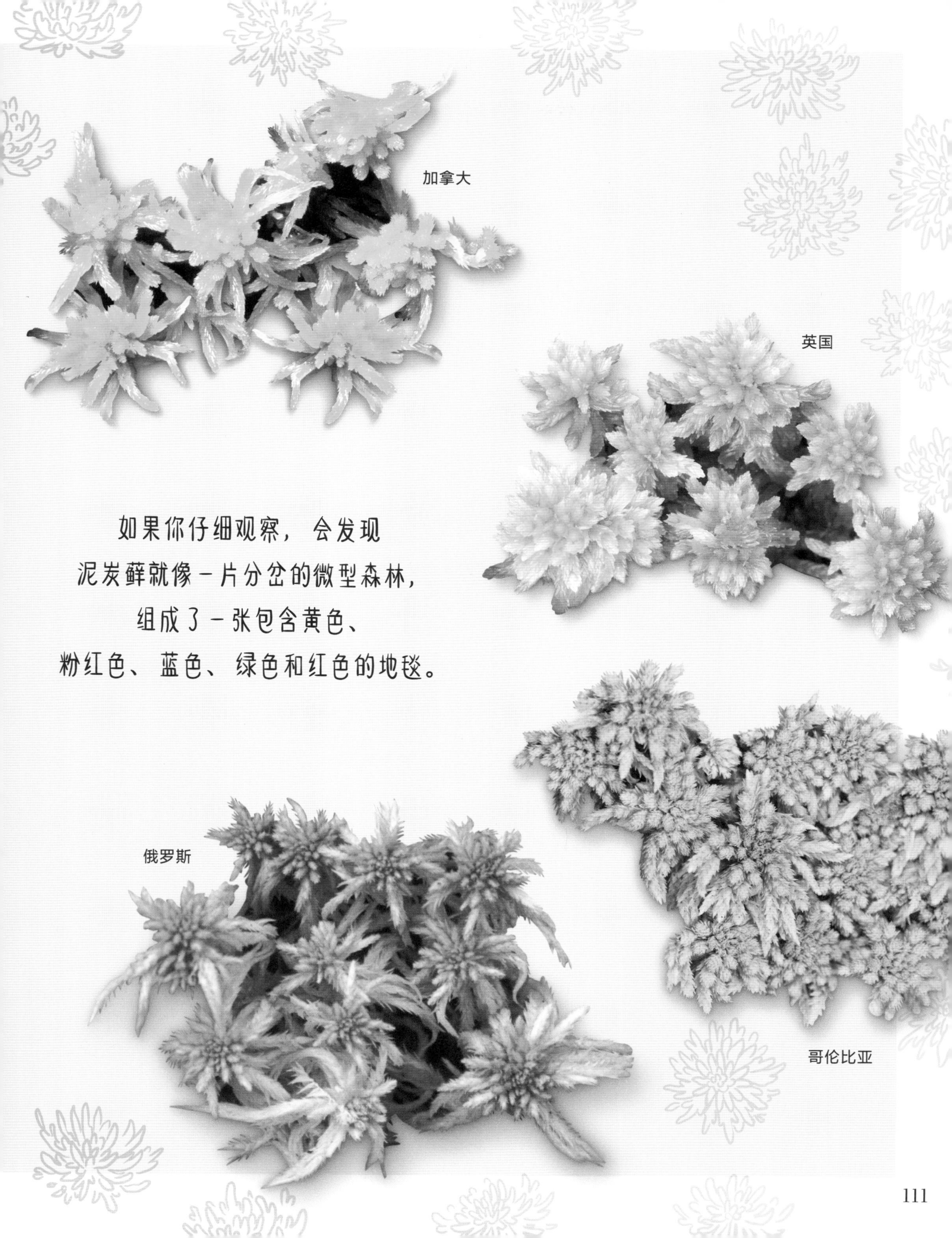

如果你仔细观察，会发现
泥炭藓就像一片分岔的微型森林，
组成了一张包含黄色、
粉红色、蓝色、绿色和红色的地毯。

非洲牛蛙

非洲牛蛙是世界上最大的蛙类动物之一。四肢完全伸直的雄性非洲牛蛙长达 25 厘米，重 2 千克，大约和一块砖头一样重。这些牛蛙生活在非洲的稀树草原。和所有的两栖动物一样，当温度过高，水体开始干涸时，它们的日子会变得不太好过。于是，非洲牛蛙想出了一计妙策——夏眠。夏眠类似于冬眠，只不过不是把寒冷的冬天睡过去，而是把炎热干燥的季节睡过去。夏眠的时候，非洲牛蛙会安全地藏身于地下，用一层单薄如纸、能够保湿的膜把自己包裹起来。如果需要的话，它们可以睡上好几年，直到再次下雨。那时，它们就会出来繁殖。

雄性非洲牛蛙是尽职尽责的好爸爸，它们会守护小池塘里成长的小蝌蚪，如果小池塘变干，它们还会挖出通往其他池塘的通道。

非洲牛蛙强壮的后脚是用来挖掘的天然工具。

非洲牛蛙咬合力强，胃口也大。它们吃虫子、鱼、蛇，甚至是鸟。

肺鱼可以不吃东西
在地下存活长达三年。
肺鱼可以长到 1 米长。

肺鱼

大约 4 亿年前，一些鱼从水里爬上岸，开始征服世界。为了生存，它们不得不改变呼吸方式，变水中用鳃呼吸为在空气中用肺呼吸。随着时间的推移，这些早期的陆地入侵者进一步演变，成为恐龙等爬行动物、两栖动物和哺乳动物等。然而，有些动物却变化不大，肺鱼这种神奇的鱼便是其中之一。今天，肺鱼仍然主要生活在水里，但它们有时得浮出水面，用它们的肺（鳔）来呼吸。

非洲的河流和冲积平原上栖息着许多种肺鱼。在旱季，那里的水会干涸，所以肺鱼摸索出了一种巧妙的生存本领：它们用自己分泌的黏液在地下制作一个茧，帮助它们在雨季回归前保持湿润。

鲎虫

从恐龙最早出现的时代直到今天，这种长着三只眼的甲壳动物已经在地球上存在了大约 2.2 亿年。所以，毫不夸张地说，鲎虫真是个命大的物种。这种小动物以摇蚊的幼体和其他小昆虫为食，用忙碌不停的腿四处走动，它们用来呼吸的鳃也长在这些腿上。

鲎虫更喜欢生活在其他水生动物通常会避开的地方，那就是夏季完全干涸的水坑和池塘。干燥的环境并不影响鲎虫，这主要是因为它们的卵具有非同寻常的特性。环境干燥的时候，鲎虫的卵会给孵化过程“按下暂停键”。它们可以在完全干燥的环境下存活长达 27 年，可以承受接近水沸腾的温度，甚至可以在被吃掉后完整地排泄出来。最后，当环境恢复湿润后，它们会继续孵化出幼虫。

鲎虫的两只眼睛中间
还有第三只眼睛。

俗称蝌蚪虾的鲎虫有一个像厚重头盔的脑袋和一条长长的尾巴，然而它看起来既不像蝌蚪也不像虾，而是更接近鲎。

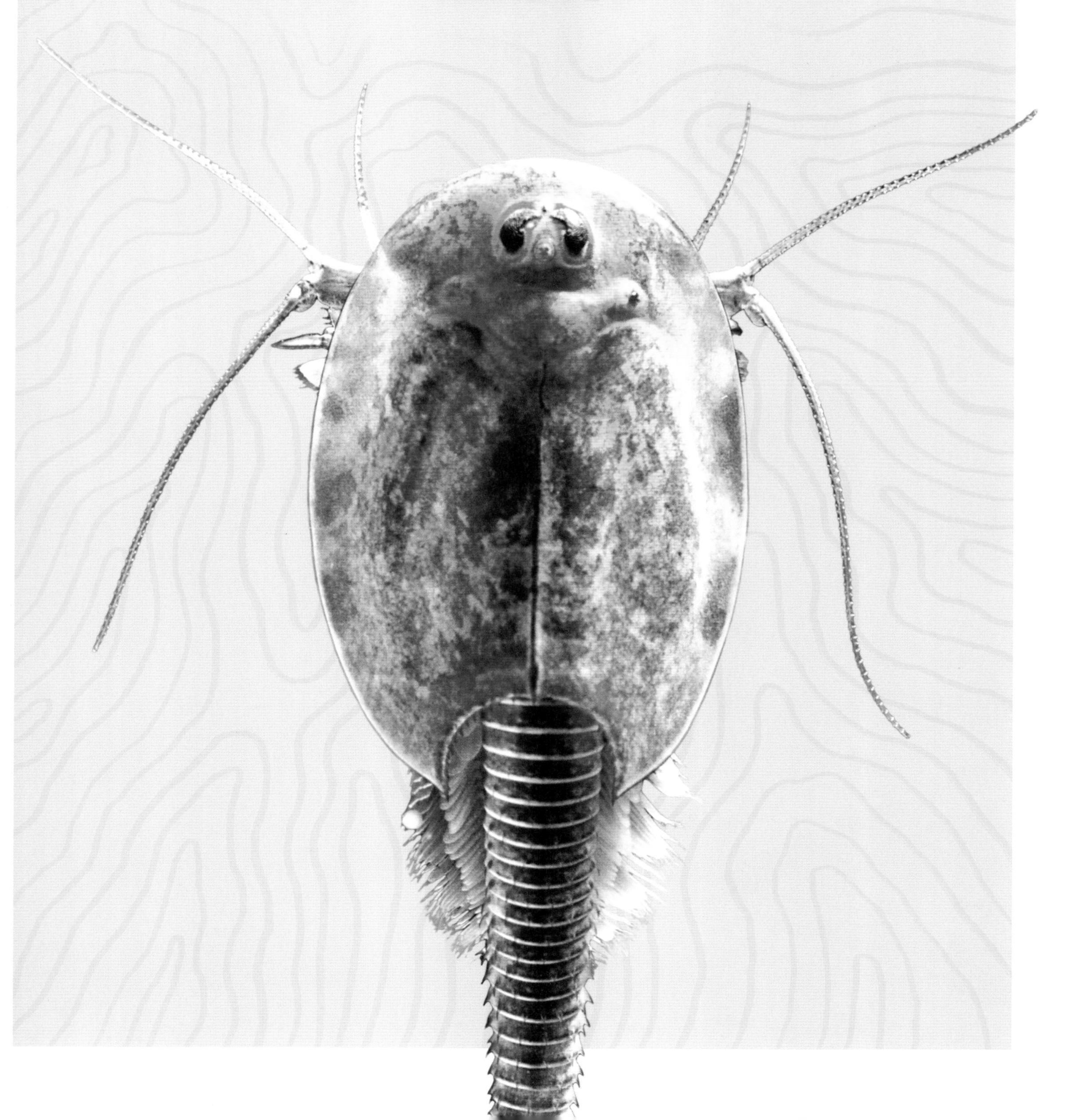

河马

河马可以用它们略带蹼的脚在水下行走，啃食芦苇。通过开辟新的水道，它们减缓了水流的速度。

莎草

莎草可以长到两个人那么高，它们薄薄的叶子像鸡毛掸子一样从顶部伸出。

黄蜻

黄蜻的幼体爬出水面并长出翅膀后，可以不间断地飞行数千千米。

沼泽

沼泽是一片辽阔而湿润的地方，那里到处都是草和灌木，它们能像海绵一样减缓水流并吸收水分。有些沼泽位于海岸边，有些则从河流或湖泊的边缘溢出。博茨瓦纳的奥卡万戈三角洲是由一条注入沙漠的河流形成的巨大沼泽地，这里收录的便是几种生活在那里的生物。

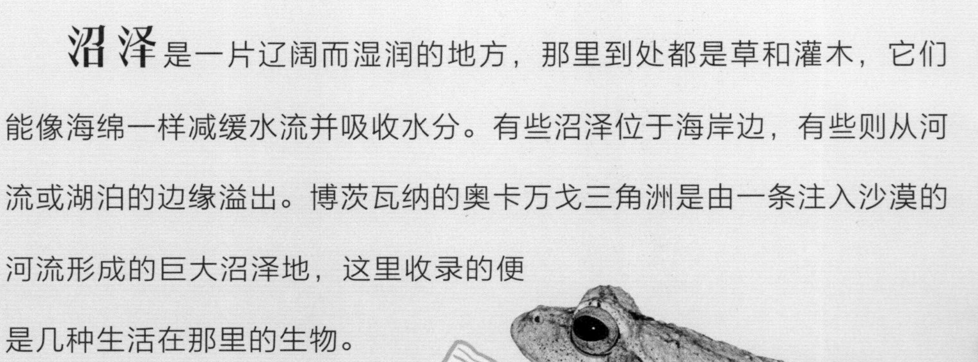

狗脂鲤

这种满嘴尖牙的鱼是名副其实的水怪。它们捕食斗牛犬鱼和鲇鱼，会被水中的任何动静吸引。

大灰攀蛙

这些树蛙在水面上方用泡沫筑成的巢里产卵。蝌蚪孵化出来后会扑通一声掉进水里。

吼海雕

吼海雕是顶级捕食者，会捕食鱼类、鸟类、两栖动物和爬行动物。

尼罗鳄

尼罗鳄在莎草下方搭建秘密巢穴来储存食物和藏身。它们可以在不吃东西的情况下生存一年以上。

冠翠鸟

这种美丽的小鸟喜欢坐在芦苇上，搜寻水中的鱼儿。一旦发现目标，它就会潜入水中抓住它们。

蓝睡莲

这种睡莲的蓝色花朵不但外观令人惊艳，闻起来也很香，非常适合吸引昆虫。它们的花瓣常被用来制作香水。

三斑非鲫

这种鱼喜欢在河马歇息的池塘里生活。雌鱼会把卵和幼鱼含在嘴里保护。

革胡子鲇

革胡子鲇成群捕食，它们追踪其他鱼类，并且用尾巴将猎物从芦苇丛里赶出来。

亚马孙森蚺的鳞片是橄榄绿和金色的，这能够帮助它们隐藏在丛林环境中。

亚马孙森蚺

在南美洲的亚马孙河边，晒太阳的亚马孙森蚺是一幅不可思议的奇景。这种蛇可以长到令人瞠目结舌的尺寸：长度是人类身高的三倍多，直径比电线杆还要粗。水豚、凯门鳄和貘等大型动物都是它的捕食对象，就连美洲豹也可能出现在它的菜单上。

亚马孙森蚺喜欢在水中捕猎。在水中，它们可以隐藏自己庞大的身躯，等待毫无防备的猎物送上门来。它们用有力并且后倾的尖牙来攻击，但是这些尖牙没有毒性，只是起到固定作用，方便它们绞杀猎物。

亚马孙森蚺一餐就能吃掉一只相当于
自身一半体重的动物，
而且这一餐有可能管几个月。

贝加尔海豹

小巧的贝加尔海豹拥有又大又强的肺。
它们潜入冰冷的水中后，可以屏气长达一小时。

很难想象还有不在海里生活的海豹，可贝加尔海豹正是这样的例外。这种小巧的海豹生活在俄罗斯贝加尔湖。这个湖非常大，几乎容纳了地球表面五分之一的淡水，而且它是世界上最深的湖泊，最深处超过1600 米。这使得贝加尔海豹既有足够的空间游泳，也有足够的鱼可以捕食。

生活在寒冷气候条件下的湖泊里有个弊端，那就是每年冬季湖面都会结冰，有时冰层厚达几米。为了方便自己换气，贝加尔海豹不得不用爪子在冰层中挖出冰窟窿。不过，湖面结冰也有有利之利：它们可以在冰面上休息，并且让幼崽待在自己身边，远离它们的主要敌害——棕熊。

一只贝加尔海豹
从冰窟窿里探出脑袋呼吸。

这种水生猎手比家猫的个头大一倍，
而且在水里比在地上开心得多。

渔猫

渔猫原产于亚洲南部。在那里，持久的季风催生出了一片片水乡泽国。这些狩猎专家身上最贴近皮肤的那层毛特别致密，能像防水保暖内衣一样把水挡在外面。渔猫的脚趾之间局部有蹼，可以像船桨一样帮它们划水。另外，它们的爪子永远伸在外面，可以发挥出类似鱼钩的作用。

渔猫通常用前腿捕食，它们可以在水面把鱼捞进嘴里，也可以在水下追捕猎物。甚至有传闻说，它们潜水跟踪水鸟，然后突然从水下钻出来，逮住毫无防备的鸟儿。

这只渔猫从河岸上跳下来，
成功地偷袭了猎物。

电鳗

虽然有些动物能够探测到电流，但能够产生电流的动物却不多，而在产生电流这方面没有任何动物比电鳗更厉害了。这种神奇的动物可以产生高达 600 伏的电压——几乎是家用电压的 3 倍。和电池一样，如果放电过多，电鳗就会耗尽电力，必须“充电”之后才能再次放电。

电鳗在南美洲的泥潭和流速较缓的河流中捕食，那里有时很难看清猎物。有一种电鳗喜欢集体狩猎，齐心协力地把整群的鱼电晕。通过电击，电鳗可以让猎物抽搐，暴露自己，甚至完全电晕它们。电鳗没有天敌，它们对别的动物来说太危险了，谁也不敢靠近到能够吃掉它们的距离。

电鳗借助名叫电感受器的微小器官来发现猎物。这些器官看起来就像小坑，在电鳗的全身都有分布。

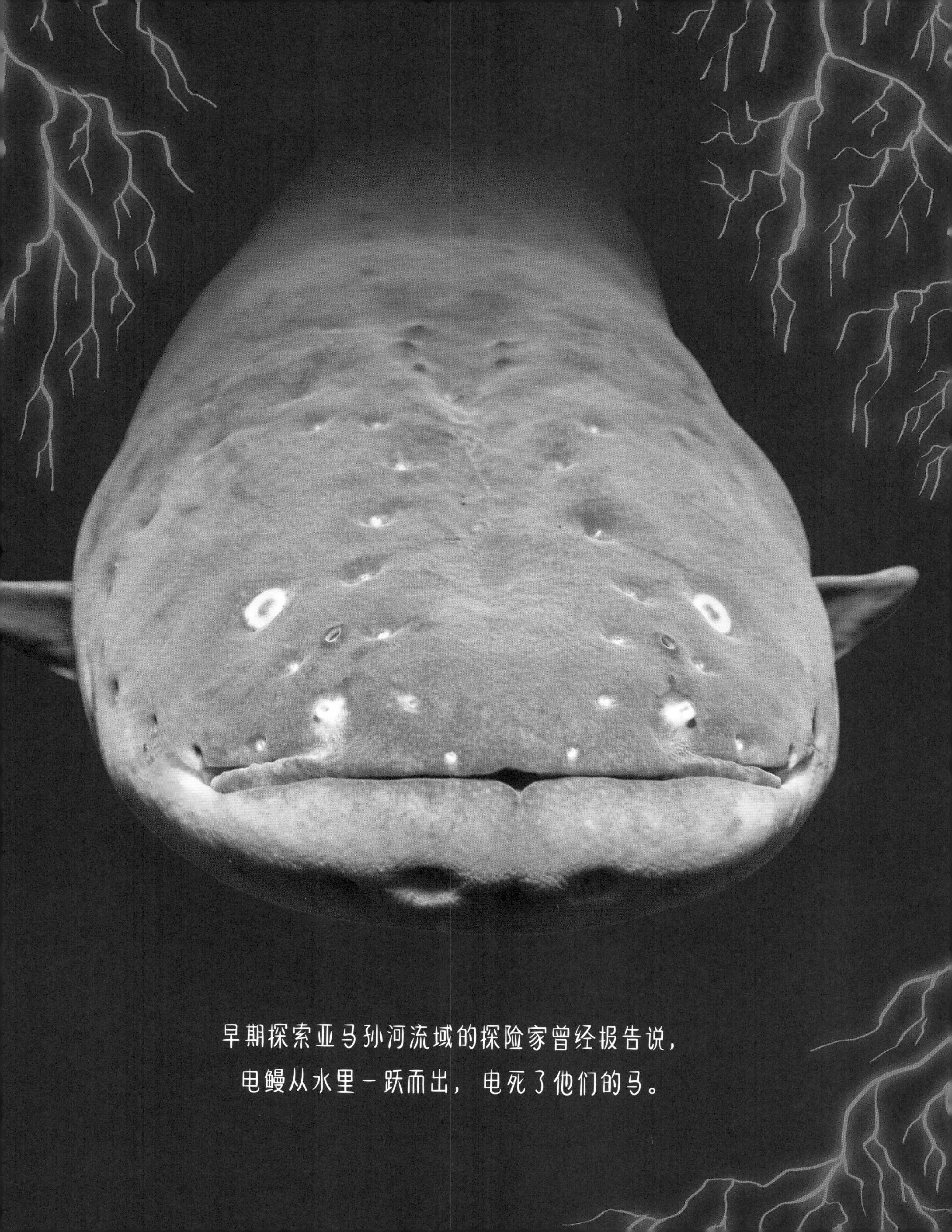

早期探索亚马孙河流域的探险家曾经报告说，
电鳗从水里一跃而出，电死了他们的马。

水蜘蛛

水蜘蛛是一种打破常规的动物。蜘蛛原本不能在水下生活，可是聪明的水蜘蛛通过自带“氧气瓶”竟然做到了这一点。

水蜘蛛毛茸茸的腹部可以困住微小的气泡，起到防水的作用。这身泡泡护甲还让它们在水下看起来几乎呈银色。然而，这些气泡提供的空气终归是有限的。因此，水蜘蛛下水之后会用蛛丝建造一个房子，或者说一个附着在水生植物上的“钟”。这个结构可以一点一点地从水面上吸取气泡，往钟里面充气。待在这个安全的钟里，水蜘蛛能够追捕水蚤和摇蚊幼虫等水生猎物，而这对于陆生普通蜘蛛来说，是可望而不可即的事情。

这种蜘蛛也叫潜水钟蜘蛛。
潜水钟是一种大大的钟形潜水设备，
它可以让潜水员在水下很深的地方仍然可以正常呼吸。

这张照片近距离展示了
水下的水蜘蛛和它的“钟”。

虎纹钝口螈长约 15 至 20 厘米，
差不多跟小孩子的前臂一样长。

如果在水里过得不错，
一些虎纹钝口螈
就会长出大大的羽毛状的鳃，
然后一直待在水里，
永远不会长成适应陆地生活的形态。

虎纹钝口螈

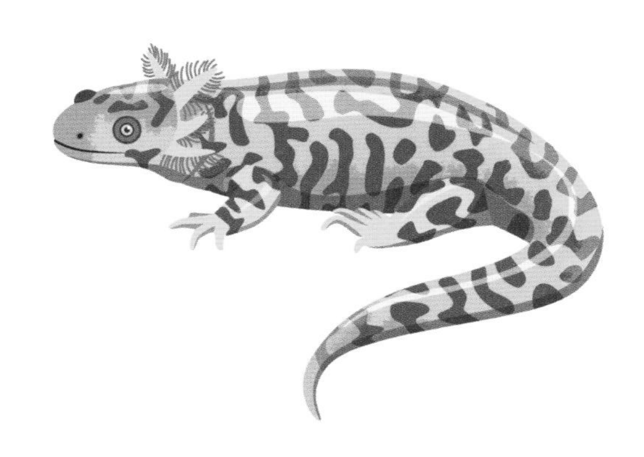

虎纹钝口螈躲藏在北美洲的地下，等着雨水到来。只要看看它们身上黑黄相间的条纹，你就知道它们为什么叫这个名字了。除了名字里带“虎”字，它们也和老虎一样胃口超好。

虎纹钝口螈一年中大部分时间都在潮湿的洞穴里度过，而且它们通常是自己挖洞，所以人们也管它们叫鼹鼠蝾螈。雨季到来之后，虎纹钝口螈会在夜间浮出水面，捕食各种蜗牛、蠕虫和昆虫，同时寻找最近的池塘进行繁殖。虎纹钝口螈宝宝在打猎方面和它们的爸爸妈妈一样出色，甚至会同类相食，也就是吃其他蝾螈的幼体。

水蚤在肥沃的水塘里过得最舒服，
但它们也能在天寒地冻的北极地区和沙漠地带的水坑中生存。

水蚤

水蚤其实不是跳蚤，而是一种和蟹或虾类似的甲壳动物。之所以叫水蚤，是因为它能在水中跳来跳去，有点像陆地上跳蚤。这种跳跃动作靠的是它那遍布刚毛的“胳膊”：“胳膊”上下抽动使其向上游动，而它沉重的身体则往下沉，看起来就像在水中跳跃。

小到摇蚊幼虫，大到鱼类，许多动物都把水蚤当成美味点心。所以它们在白天会尽量隐藏在池塘或湖泊的底部附近，只在晚上才去水面上捕食浮游生物。水蚤的繁殖能力超强，甚至可以在没有伴侣的情况下繁衍后代，而且它们可以在出生短短五天之后就生下自己的宝宝了！

这张显微照片展示了
一只雌性水蚤和它的卵。

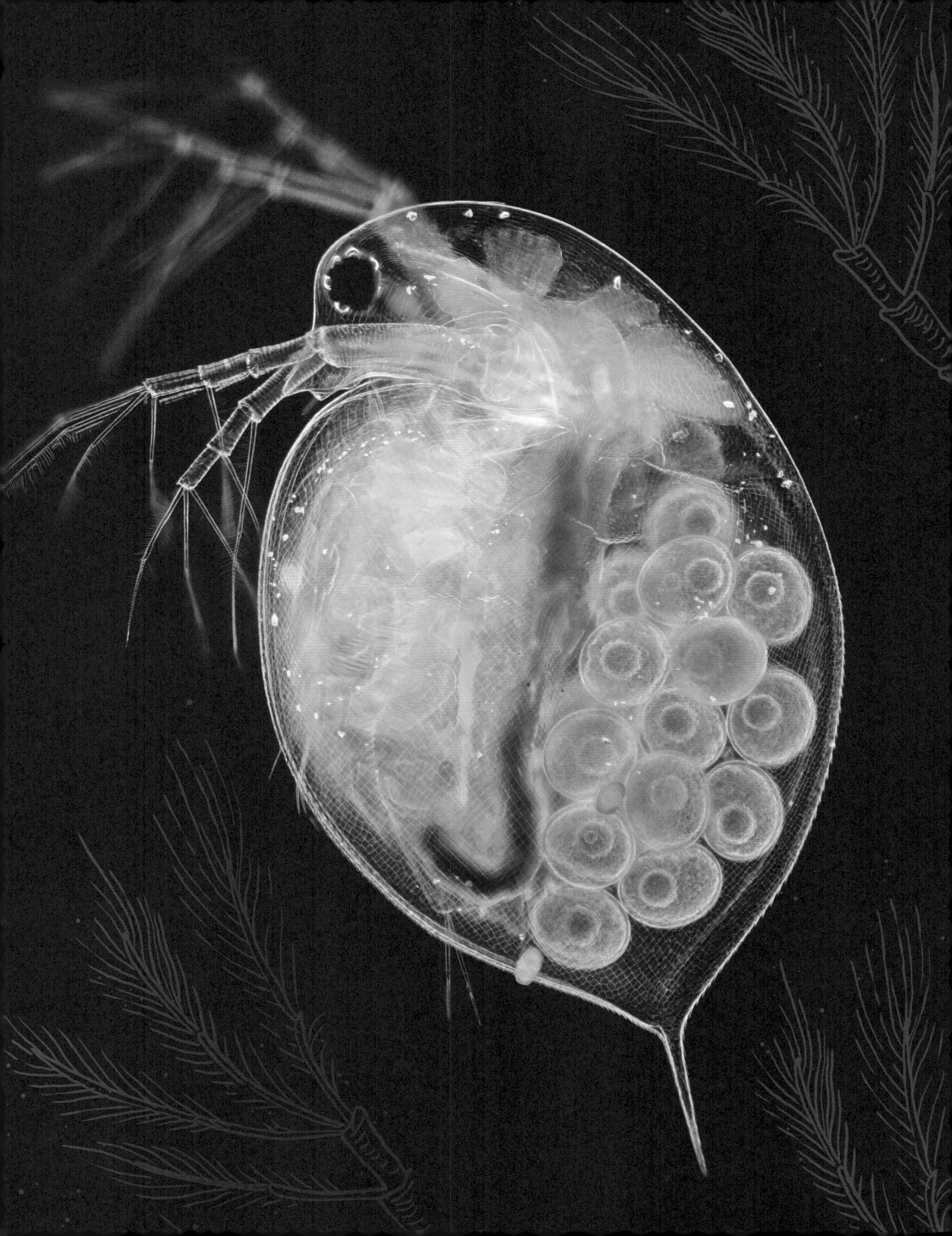

臭菘

这种长相奇怪的“卷心菜”可不是你想在菜盘里看到的东西。为什么？因为这种植物只要有一片叶子或者一朵花受损，就会像臭鼬一样发出强烈的臭味。

臭菘分布在北美洲东部的湿地，在早春开花的时候特别臭，那时地上经常还有积雪。为了在雪中生存，它们练就了一种特殊的本领。臭菘是极少数能发热的植物之一。它们产生的热量可以融化周围的雪，帮助传播臭味——闻起来有点像腐烂的肉！这种气味会引来寻找食物和保暖场所的甲虫，它们可以为臭菘的花授粉。

臭菘不是向上生长，而是向下生长的。
随着年龄增长，它的根会把它越拉越深。

臭菘产生的热量
使它比周围环境的
温度高出 15 至 35 摄氏度。

香蒲的头变成
了一团蓬松的
种子。

香蒲

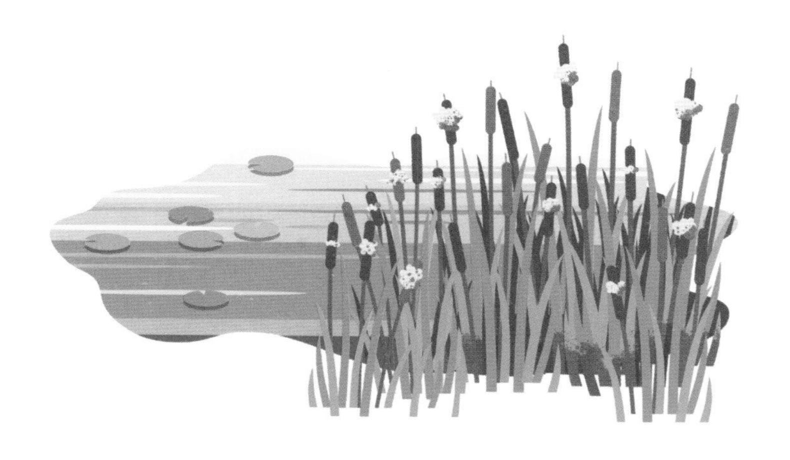

这种植物就像一把瑞士军刀，功能多多。
它的不同部分可以被分别制成食物、
药物、建材、纸张和燃料。

香蒲也叫猫尾草，是所有水生植物里“混得最好”的成员，在世界各地都有分布。如果水边有一小块裸露的土地，它们通常会第一个发现并占据那里。香蒲成功的秘诀在于它们每年都会在茎尖长出一个长长的“棕色香肠”，这根“香肠”摸起来像天鹅绒一样柔软。

仔细观察，你会发现，这些软绵绵的“香肠”里塞满了蓬松的种子，有 20 万颗之多，它们就像厚厚的皮毛中密密麻麻的毛一样并排竖立着。一旦时机成熟，这些毛就会长出来，使得原本整齐的“香肠”变成蓬乱的“棉花糖”。这样一来，香蒲的种子就能随风飘扬，飞到新的肥沃湿地了。

大鳄龟

想象你是一条饥饿的鱼，正在北美洲的沼泽中觅食。你发现一条粉红色的小虫子在浑浊的水里扭动，就游过去咬了一口。没想到它竟然成了你生前看见的最后一样东西……

那条扭动的小虫子实际上是大鳄龟酷似蠕虫的舌头。在发动突袭之前，大鳄龟会一动不动地等待合适的时机。它可以一边屏住呼吸接近一小时，一边张着大嘴不停地抖动舌头。只要用它那锋利的喙咬上一口，就能切断扫帚柄和人的手指。这种恐怖的龟主要吃鱼，对别的食物也来者不拒。人们已经知道，大鳄龟的菜单中还加入了松鼠、鸟类、其他的龟，甚至是小鳄鱼。

这种看起来像史前生物的动物移动奇慢，
所以经常有水藻在它们的大脑袋和多刺的龟壳上安家。
这可以给它们提供更好的伪装。

小心！你能看见大鳄龟
粉红色的舌头吗？

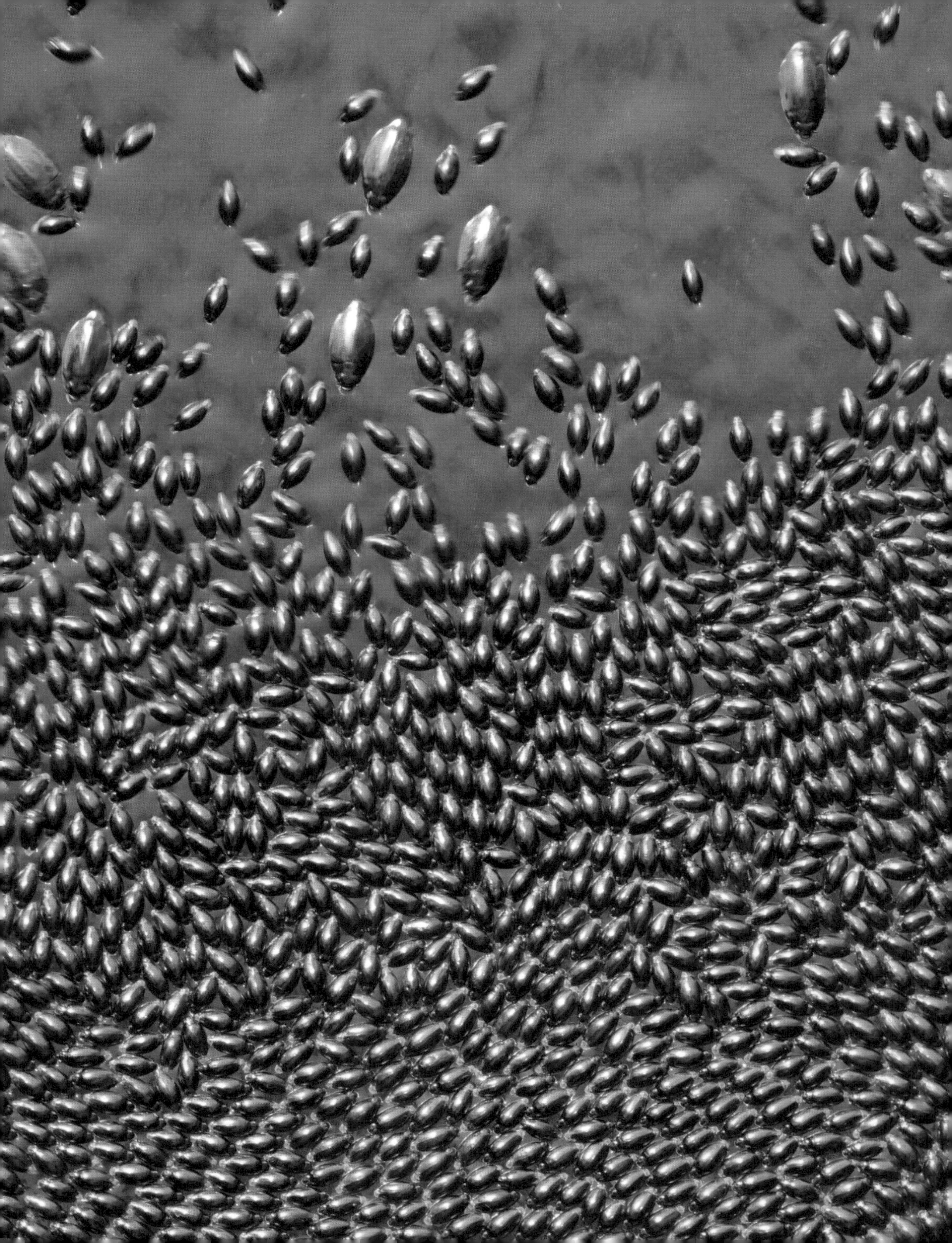

河面上成群的豉甲。

豉甲

豉甲能在一秒钟内游出相当于自身体长 44 倍的距离。

豉甲沿着池塘和流速缓慢的河流表面快速移动，看起来酷似发条玩具。它们绕圈游动，经常成群结队，偶尔还会像碰碰车一样撞到一起。

这些甲虫虽然看起来有点笨拙，实际上却是出色的捕食者，它们能够用飞行、划水和潜水的方式捕捉猎物。它们快速移动的秘密在于一对形状像扁平船桨的粗壮后腿，这可以让它们一瞬间逮到昆虫。它们的眼睛分为上下两部分，分别观察水面和水下的情况。无论是用来狩猎还是防范捕食者，这样的眼睛都好处多多。

银叶树

世界上有许多种构成红树林的树，银叶树是其中最常见的之一，它的孟加拉语中的名字也是孙德尔本斯这个名字的由来。

亚洲小爪水獭

这些小水獭可能看起来很可爱，实际上却是可怕的食肉动物。它们有着锋利的牙齿，以蟹、贝类和鱼类为食。

湾鳄

红树林的顶级捕食者湾鳄甚至可以吃老虎。它是世界上最大的鳄鱼，体重是马的两倍。

赤翡翠

这种披着粉红和紫色羽衣的翠鸟是高台跳水的高手。它们能从歇脚的高处一头扎进水里捕捉小鱼。

黑腹蛇鹈

下水捕鱼之后，黑腹蛇鹈会一边休息，一边张开翅膀在阳光下晾干身体。

颌针鱼

这种恰如其名的银色小鱼又长又细，喜欢在浅水中捕食蟹和虾。

红树林

高大、错结的树根把树木高高地架离水面，让红树林看起来就像一片踩着高跷的树。红树林不仅替海岸抵御着海浪的冲击，还为各种生物提供了藏身之所。这种生境遍布于世界各地的热带海岸线，最大的一处是孙德尔本斯，位于南亚的孟加拉湾沿岸。这里介绍的便是一些当地的动植物。

大秃鹳

这种巨大的鹳几乎和人一样高。它们什么东西都吃，无论是鱼、蟹，还是其他鸟类。

恒河猴

灵长类动物是解决问题的好手。比如，生活在孙德尔本斯的这些猴子为了捕捉蟹和鱼，已经学会了游泳。

水椰

水椰的大部分树干被埋在泥土和水下，所以我们只能看到它壮丽的叶子。

孟加拉虎

生活在孙德尔本斯的孟加拉虎与生活在别处的老虎相比水性更好。它们是游泳健将，不仅能捕鱼，甚至还能喝海水。

攀鲈

“攀鲈”这个名字非常贴切，水位下降时，这种聪明的鱼会攀爬到陆地，寻找新的水源。

海岸束带蛇

海岸束带蛇一边在水面或水下深处巡游，一边张着嘴巴寻找下一口多汁的食物。它们经常生活在池塘和溪流附近，捕食包括蝾螈、蛙和鱼在内的各种动物。

有时海岸束带蛇会采取更加狡猾的捕食策略：它们躺在水边，用舌头拨水，激起涟漪和水花。这是为了模仿小昆虫落水挣扎的动静，引诱饥饿的蝌蚪和小鱼靠近，让它们以为一顿唾手可得的美餐就在附近。猎物上当后，海岸束带蛇就会突然出击，一口吞掉它们。不过，海岸束带蛇也不是次次都能得手。如果不小心的话，它们自己也会沦为其他动物的午餐，比如苍鹭、浣熊、水獭，还有更大的蛇。

海岸束带蛇只分布于美国的西北部。

海岸束带蛇的背上
通常有一条贯穿全
身的黄色条纹。

明线瓶螺

以螺的标准来看，明线瓶螺真是大得出奇。它大约有苹果那么大，金棕色，乍看起来可能其貌不扬。然而，它的壳里却藏着一件了不起的东西——一根天然的通气管。每年的雨季，南美洲的潘塔纳尔湿地都会经历洪涝，淹死许多植物。死去的植物慢慢腐烂，把周围变得臭气熏天、浑浊不堪。一般的动物在其中难以呼吸，只有明线瓶螺例外。

明线瓶螺把通气管伸出水面，用肺呼吸，从容不迫地啃食腐烂的植物。多亏了它们的清理工作，潘塔纳尔湿地的其他生物才能沿着一条从植物、鱼类、凯门鳄到美洲豹的食物链相伴共存。

明线瓶螺用通气管在水下呼吸。

虽然明线瓶螺对湿地生物的存续至关重要，
但是大多数生物还是对它们照吃不误！

明线瓶螺的两条长触角可以帮助它们探路。

弹涂鱼眨眼的时候，
会把眼睛浸入储水的眼窝里，
防止眼睛变干。

弹涂鱼

弹涂鱼是一种长相滑稽的鱼，它有洞开的大嘴、凸出的眼睛，还有与其说是鱼鳍，不如说是胳膊的小胸鳍。弹涂鱼是两栖动物，这意味着它们既可以生活在陆地上，也可以生活在水里。实际上，弹涂鱼可以在陆地上活动很久很久。有些情况下，它们一生中 90% 的时间都不在水里，而是在非洲、亚洲和大洋洲的泥滩和沙滩上蹦跶。

弹涂鱼可以说是逆向的潜水员。它们不是带着氧气瓶下水，而是用身上的大型鳃室储水，好让自己在岸上也能呼吸。所以弹涂鱼有充足的时间去捕食小昆虫、蟹，甚至是其他鱼类。别被它们人畜无害的外表欺骗了，在寻找配偶的时候，雄性弹涂鱼会变得异常强硬和好斗。它们会互相敲打和撕咬，为了赢取更多的领土而战斗。

弹涂鱼在空气里比在水里视力好。
它们几乎拥有 360° 的视野，
这在防范捕食者和竞争对手时特别有用。

河流、湖泊和池塘

在所有类型的水体中，河流、湖泊和池塘不仅最丰富多样，最变化无常，也是最难以生存的。它们能够形成于任何一个可以降雨，可以流水，或者可以融冰的地方，这意味着它们各自都面临着来自周遭世界的特殊挑战。

从亚洲喜马拉雅山脉的融水湖，到非洲卡拉哈迪沙漠转瞬即逝的水坑，水生生物摸索出了各种环境下的生存之道。河流中的生物为了不被冲入海洋，时刻都在逆流挣扎；而湖泊和池塘中的生命则必须与极端生境做斗争，因为这里可能会迅速升温、结冰，甚至干涸。正因如此，那些在河流、湖泊和池塘中安家的生物个个都磨炼成了出色的生存专家。

河流、湖泊和池塘中的水量
在地球总水量中的比重不足百分之一。

①中国的长江
②日本的睡莲池
③亚洲喜马拉雅山脉的池塘
④中国长江的江豚
⑤非洲的维多利亚瀑布

①

②

③

④

⑤

石蛾

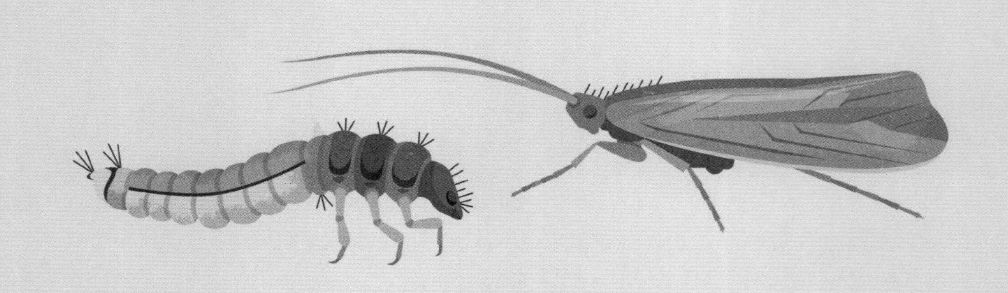

石蛾的幼虫会用沙子、岩石、蜗牛壳，
甚至是塑料垃圾来搭建它们的“房子”。

这只石蛾的幼虫正在
用软体动物的壳制作巢壳。

石蛾大概算不上让人眼前一亮的昆虫，因为它们不过是毛茸茸的棕色飞蛾而已。然而，它们的幼虫却截然不同。石蛾的幼虫在池塘、河流和湖泊的底部吃水藻。它们的身体软软的，看起来有点像毛毛虫。在周围有饥饿的鱼觅食，还有强劲的水流带着沙子冲刷它们的环境下，这种身体条件就不太理想了。

所以，这些聪明的生物会用黏黏的丝线和身边能够找到的一切材料为自己建造一个堡垒和藏身之处。结果便是，它们不仅能穿着一身盔甲爬来爬去，而且还伪装得很好。正是由于这套生存策略大获成功，石蛾才成了世界上最常见的水生昆虫之一。

河狸

通过伐木筑坝，河狸减缓了河水的流动，
帮助野生动植物茁壮成长。

看到河狸在陆地上走动的样子，你可能会觉得这种生物动作迟缓、笨手笨脚。然而，它们一旦下了水，就会立刻变身为神通广大的水行侠。河狸的鼻孔和耳朵可以在潜水时闭上，眼睛也能被一组像泳镜似的透明眼睑罩住。它们还有带蹼的脚趾和船桨状的扁平尾巴来加快游水的速度。另外，它们毛茸茸的嘴唇可以在大大的门牙后面并拢，所以就算叼着枝条，它们的嘴里也不会进水。

河狸是木工大师。它们不光吃木头，还会用木头搭建水坝和小窝。水坝使小窝周围的水位上升，而深水有助于防止熊和狼之类的捕食者接近。

这只河狸正站在
它建好的水坝旁边。

泽氏斑蟾

泽氏斑蟾生活在中美洲巴拿马的热带雨林中。

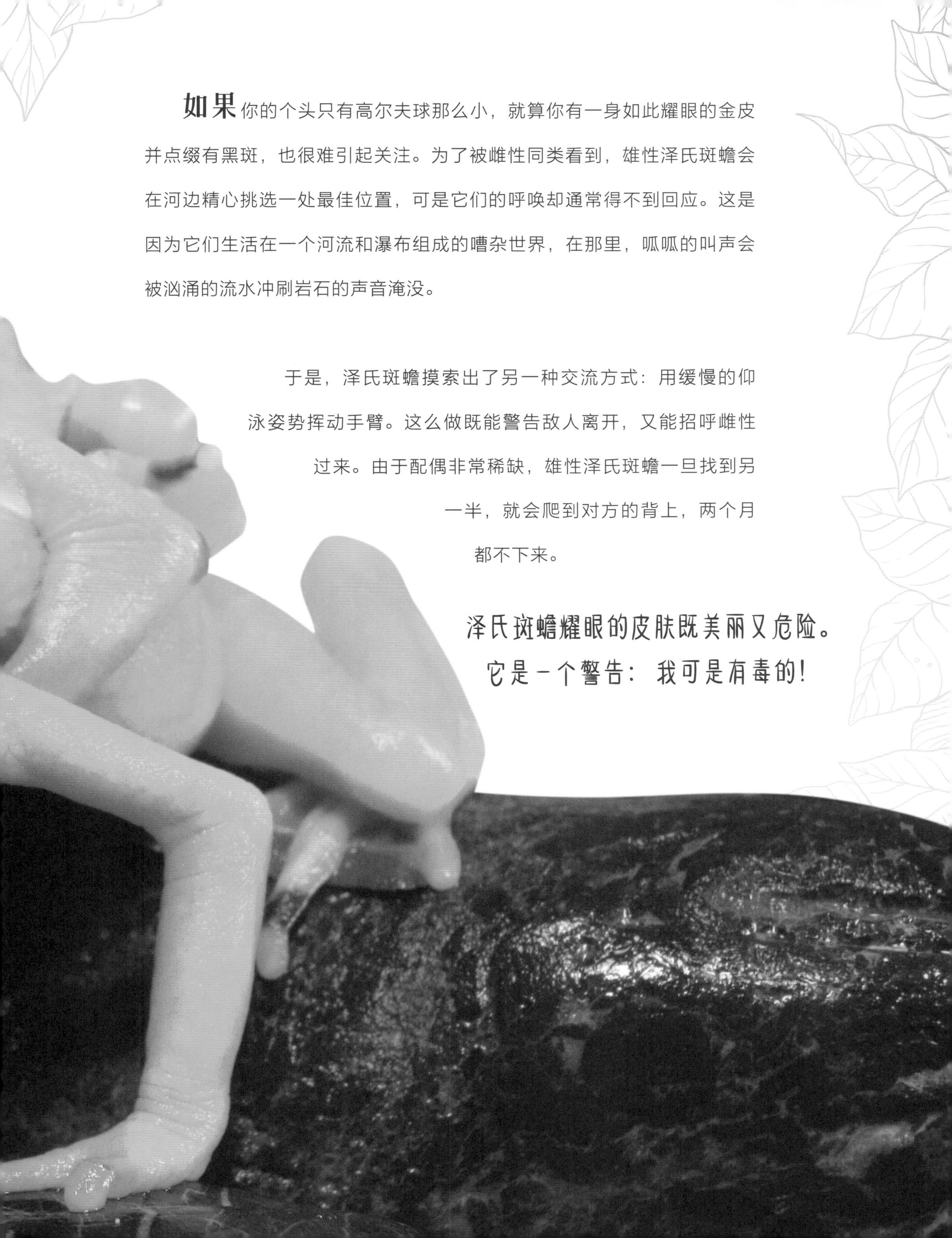

如果你的个头只有高尔夫球那么小，就算你有一身如此耀眼的金皮并点缀有黑斑，也很难引起关注。为了被雌性同类看到，雄性泽氏斑蟾会在河边精心挑选一处最佳位置，可是它们的呼唤却通常得不到回应。这是因为它们生活在一个河流和瀑布组成的嘈杂世界，在那里，呱呱的叫声会被汹涌的流水冲刷岩石的声音淹没。

于是，泽氏斑蟾摸索出了另一种交流方式：用缓慢的仰泳姿势挥动手臂。这么做既能警告敌人离开，又能招呼雌性过来。由于配偶非常稀缺，雄性泽氏斑蟾一旦找到另一半，就会爬到对方的背上，两个月都不下来。

泽氏斑蟾耀眼的皮肤既美丽又危险。它是一个警告：我可是有毒的！

洞螈

17 世纪的时候，
当暴雨把洞螈赶出洞穴后，
有些人误以为它们是幼龙。

洞螈生活在
欧洲中部和东南部的洞穴里。

提起龙， 你肯定认为它们只是传说中的虚构生物而已，可是如果你看见洞螈，你也许就没那么确定了。洞螈生活在黑暗的洞穴里，有着长长的、时常扭动的身体，以及短短的四肢和多褶的脖子，可以活到 70 多岁。不过，洞螈不是龙，而是一种蝾螈。它只有大约 30 厘米长，而且眼睛退化（只能感光），毕竟眼睛在黑暗中毫无用处。好在洞螈有一个功能类似停车传感器的鼻子，既能避免撞到东西，又能帮它在黑暗中追踪猎物。

洞穴里的生活很艰苦。这里没有阳光，没有植物，也没有食草昆虫可以供洞螈食用。正因为这样，洞螈主要依赖穴居虾类和从地表冲刷下来的食物。它们移动和生长缓慢，以尽量减少能量消耗。结果便是，洞螈能够在不吃东西的情况下生存长达 10 年。

箭毒蛙

鼓眼睛、软皮肤的蛙类大多对人畜无害，可箭毒蛙却截然不同。这些产自美洲的两栖动物外表靓丽，而且小巧到可以舒适地坐在你的手掌心，只是你最好别让它们这么做。它们鲜艳的颜色是告诉捕食者不要接近的警告信号。箭毒蛙身上覆盖着致命的毒素，其中一种名为金色箭毒蛙的蛙皮肤上的黏液甚至足以毒死 10 个人。

然而，箭毒蛙并不是只有危险的一面。它们还是很棒的父母。有些种类的箭毒蛙会背起自己的蝌蚪，把它们从森林的地面带到树上，放到一些收集雨水的小池子里——由凤梨科植物的叶片环绕而成，蝌蚪在其中可以安全地发育成幼蛙。

一只三线箭毒蛙背着蝌蚪。

一只蓝黑箭毒蛙
背着幼蛙。

箭毒蛙通过吃蚂蚁、螨虫和
其他昆虫来获得毒素。

箭毒蛙把蝌蚪放进
小雨水池里。

这是秘鲁的红箭毒蛙。

双冠蜥

为了吸引雌性，雄性双冠蜥的
头上长了两个大大的鸡冠状突起，
背上长了一个巨大的帆状鳍。

双冠蜥是一种可以用“身手敏捷”来形容的动物。这种蜥蜴在穿越密林的池塘、小溪和河流的边缘寻觅食昆虫和掉落的浆果。然而，在丛林环绕的开阔地带活动十分危险，随时会有捕食者跳出来，所以双冠蜥必须做好立刻开溜的准备。

幸运的是，双冠蜥可以迅速爬到树上或者潜入灌木丛。如果无处藏身，它还有另一个脱身绝技：轻功水上漂。由于双冠蜥的后脚掌相对于自己的个头特别巨大，在撒腿狂奔的时候，它们踩在水上也不会下沉。

在北美洲的哥斯达黎加，
一只双冠蜥正在水面上奔跑。

球藻

由于球藻毛茸茸的样子十分可爱，
许多人都把它们当宠物饲养。

成千上万个绿毛球堆在一起，其中一些和足球一样大……这可不是每天都能看到的东西。这些球叫球藻或者海藻球，是一种藻类。它们聚在一起时，看上去就像一个巨大的水下海洋球池。全世界只有屈指可数的几个湖里能看到这幅奇景。

球藻被波浪轻轻地推着，在湖床上来回滚动，逐渐变成球形，这个过程有点像你用手把橡皮泥搓成团。只有在各项条件都恰到好处的情况下，它们才会形成，而且许多都会固定在湖床上并排生长。不过，有人认为，当它们形成一堆没有固定在湖床上的球时，反而会有更多的生长空间。不幸的是，由于人类的活动，球藻已经在世界各地的许多湖泊中绝迹了。好在冰岛和日本还有它们的身影，而且它们在那里被奉为国宝。

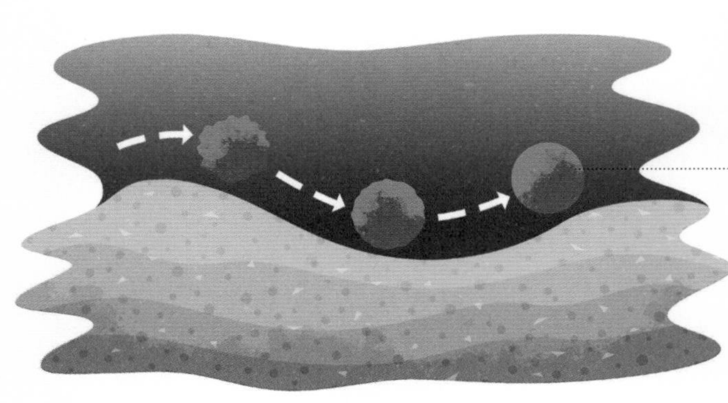

柔和的水波轻轻地推着球藻，让它们在湖床上渐渐滚成了球形。

球藻通常出现在湖床上，有时也会出现在海滩上。

这种锲而不舍的小鱼
经常要应对熔岩流和山体滑坡
挡住上游去路的情况。

斯氏瓢鳍鰕虎鱼

这种无所畏惧的小鱼是美国夏威夷特有的物种。它们先在咸水中成长，然后到内陆觅食和交配。这些鰕虎鱼进入淡水之后，奇怪的事情就会发生，只用短短两天时间，它们就能改头换面：脑袋变宽，嘴唇变厚，嘴巴从脸的前面挪到身体的下面。

许多种类的鰕虎鱼肚子上都有一小块吸盘，可以帮它们在水流中攀附于岩石上。而斯氏瓢鳍鰕虎鱼的嘴巴完成改造后，还会变成第二个吸盘。它们用这些吸盘抓着潮湿的岩石，像毛毛虫一样一点一点地向上跳跃，甚至可以爬到垂直瀑布的顶部。

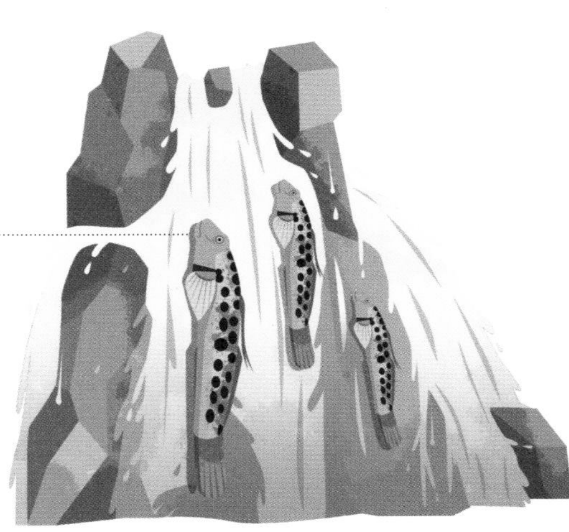

斯氏瓢鳍鰕虎鱼可以攀着岩石上到高达100米的瀑布顶部。

斯氏瓢鳍鰕虎鱼可以长到18厘米长。

美国短吻鳄

这种凶猛的生物拥有超强的咬合力。
掰开它那对巨大的颌相当于举起一辆小型卡车。

短吻鳄与湾鳄有亲缘关系，它们同属于鳄目。美国短吻鳄是美洲最大的鳄目动物。然而，刚出生的美国短吻鳄身长只有 15 厘米，和一支铅笔的长度相当。尽管短吻鳄威震四方，它们刚出生的时候还是有可能沦为浣熊和鸟类等各种动物的美餐的。

成年后的美国短吻鳄就没什么好担心的了。雄性美国短吻鳄的体长可以达到成年男性身高的两倍多，体重可以达到成年男性的三倍。它们什么都吃，从鱼和乌龟到宠物，甚至是人类，都来者不拒。不过，在求爱的时候，这些可怕的家伙却出人意料地擅长制造浪漫：只见雄性美国短吻鳄在浅水中发出阵阵低吼，它们背上的水竟然随着声音有节奏地振动起来。这种现象被称作水舞。

美国短吻鳄生活在
流速缓慢的河流和沼泽中，
有时会潜伏在绿油油的浮萍下面。

池塘浮游生物

剑水蚤是一种只有一只眼睛的桡足类动物。这是它的幼体。

一个不起眼的池塘里漂浮着数以百万计小到肉眼看不见的生存高手。对于人类来说，它们几乎是隐形的。

这种带刺的绿藻能够自我复制，它的名字叫盘星藻。

这只水蚤绿色的肠道清晰可见。

这只剑水蚤在身体两侧携带着成团的卵。

水蚤

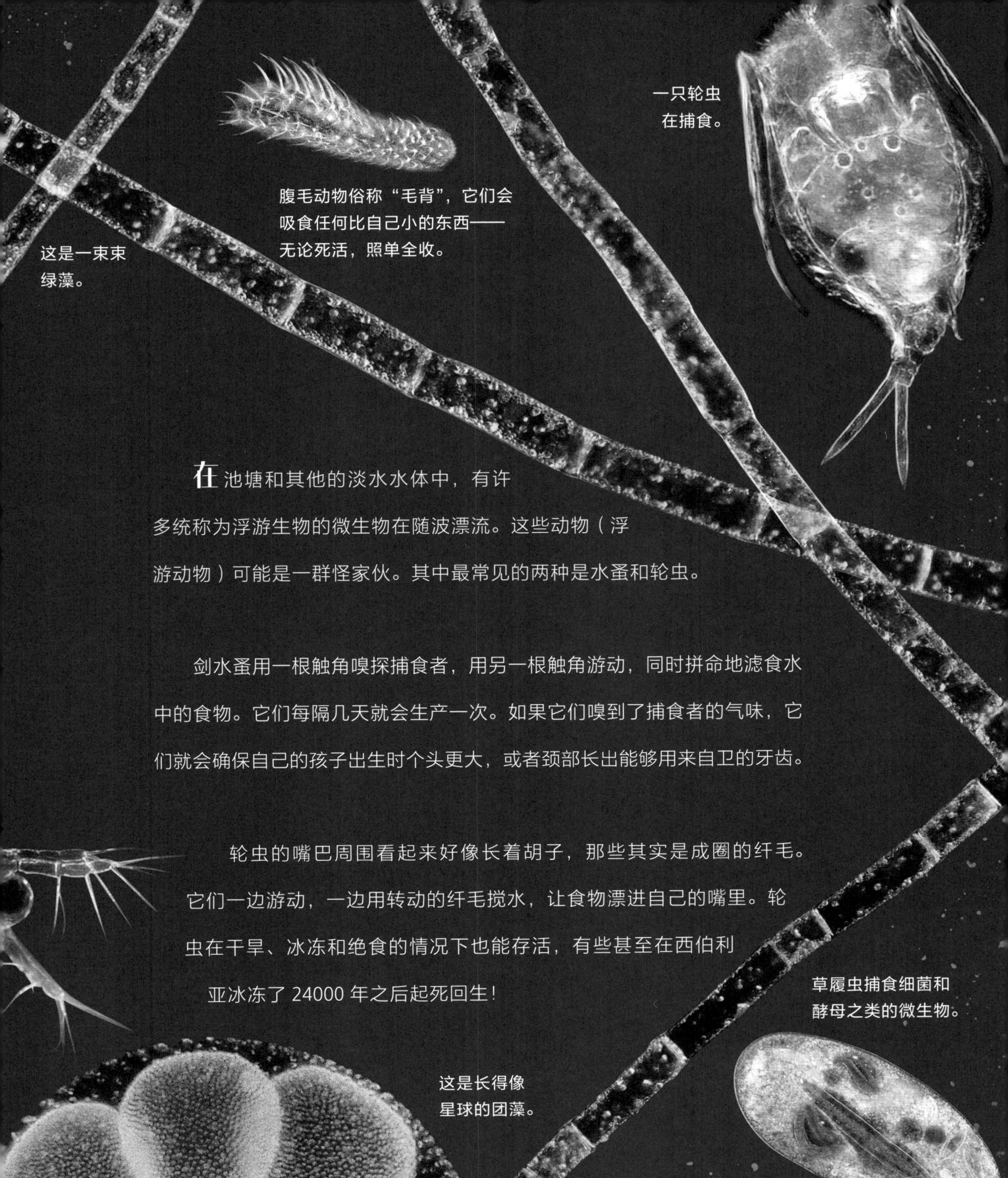

在池塘和其他的淡水水体中，有许多统称为浮游生物的微生物在随波漂流。这些动物（浮游动物）可能是一群怪家伙。其中最常见的两种是水蚤和轮虫。

剑水蚤用一根触角嗅探捕食者，用另一根触角游动，同时拼命地滤食水中的食物。它们每隔几天就会生产一次。如果它们嗅到了捕食者的气味，它们就会确保自己的孩子出生时个头更大，或者颈部长出能够用来自卫的牙齿。

轮虫的嘴巴周围看起来好像长着胡子，那些其实是成圈的纤毛。它们一边游动，一边用转动的纤毛搅水，让食物漂进自己的嘴里。轮虫在干旱、冰冻和绝食的情况下也能存活，有些甚至在西伯利亚冰冻了 24000 年之后起死回生！

麝雉

麝雉也叫“臭鸟”，因为它们闻起来像牛粪。麝雉幼鸟的翅膀上有一对可以帮助它们攀爬的爪子，但成年后就消失了。

裸颈鹳

裸颈鹳是南美洲个子最高的飞鸟，也是来者不拒的吃货。它们几乎什么东西都吃，不管是活的还是死的。

木棉树

这种巨大的树通常生长在温暖的热带地区的河边。为了避免被水冲走，它们会长出又大又粗的支撑根。

大薸

大薸在亚马孙河及其支流随处可见，它们不仅组成了如同巨型木筏的水面景观，还可以为淡水龟提供食物。

巨骨舌鱼

巨骨舌鱼是最大的淡水鱼之一。它们的舌头和上颌表面都有骨质齿，可以让它们碾碎包括食人鲳在内的猎物。

卷须寄生鲇

卷须寄生鲇是一种细小的寄生鲇。它们会游进其他鱼类的鳃里，把鳃切开后喝血。

河流

江河与溪流其实是很考验生存本领的地方，虽然它们看起来不像。在这里，许多动植物必须不断地与水流对抗，否则就会被冲走。南美洲的亚马孙河是 3000 多种鱼的家园，它的流量比世界上其他七大河流加起来还要大。

水豚

这些个头和猪相当的食草动物是世界上最大的啮齿动物。它们可以在水下憋气长达五分钟。

红火蚁

红火蚁很小，可以在水面漂浮。在需要穿越水域时，它们会聚在一起组成一个救生筏。

水蜘蛛兰

这种神奇的植物闻起来像香草，所以能吸引飞蛾为它们传粉。水蜘蛛兰的花看起来有点像倒吊的小蜘蛛。

纳氏臀点脂鲤

与人们普遍认为的相反，俗称食人鲳的纳氏臀点脂鲤其实很少攻击大型猎物。它们主要以鱼类和昆虫为食，也吃植物和水果。

巨型侧颈龟

巨型侧颈龟是南美洲最大的淡水龟，它们可以长得和一个成年男性一样重。

七鳃鳗

七鳃鳗大约 3.6 亿年前出现在地球上，
它们现在的样子几乎和那时一模一样。

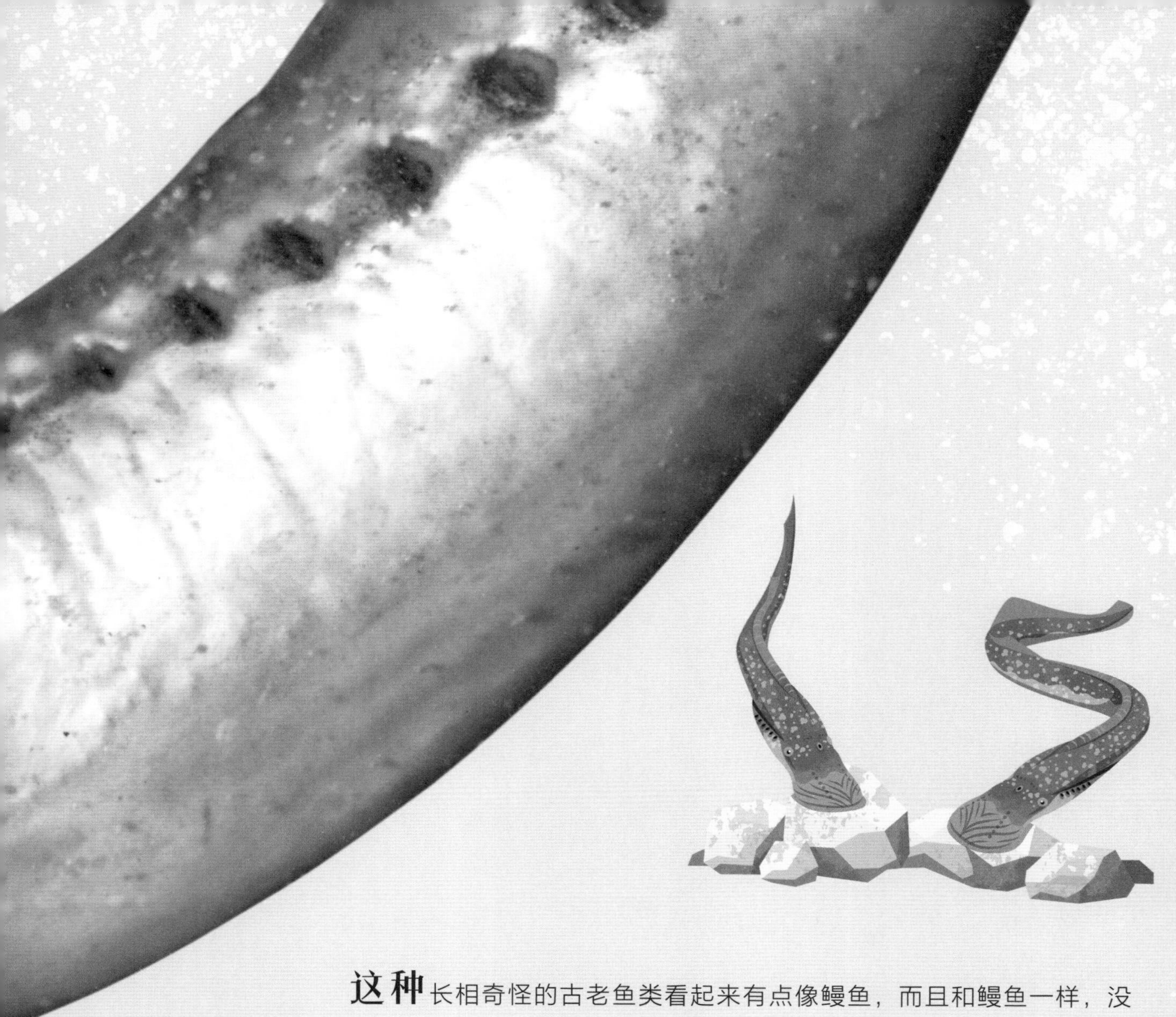

七鳃鳗圆形的嘴相当于一个吸盘，里面塞满了牙齿。

这种长相奇怪的古老鱼类看起来有点像鳗鱼，而且和鳗鱼一样，没有任何鳞片。然而，它们的相似之处也仅限于此了。七鳃鳗几乎没有鳍，而且只在头顶上有一个鼻孔。它的小眼睛后面有许多相当于鳃的小孔。嘴不是由上下颌组成的开合嘴，而是一个形状像盘子的吸吮嘴，里面有一圈圈的锋利牙齿，可以附着在岩石上或者咬住猎物。正因为这样，人们也管它们叫水中吸血鬼。

七鳃鳗成年后会先在海里觅食四年，然后游到溪流和江河中产卵。它们通过用嘴吸住岩石的方式来节省体力，这在逆流而上时尤其有用。产卵之后，七鳃鳗夫妇都会死去。

淡水珍珠蚌

小珍珠蚌先在鲑鱼或鳟鱼身上搭一阵顺风车，然后再掉落下去，把自己固定在河床上。

珍珠通常产自海洋的牡蛎体内。其实淡水中的蚌也能制造珍珠，如了不起的河蚌，也称淡水珍珠蚌。顾名思义，它只存在于淡水环境——快速流动的江河与溪流中等。

淡水珍珠蚌的生存是一场豪赌。新生的蚌看起来像小肉夹馍，它们在水中漂流，希望能碰到鱼，尤其是鲑鱼或鳟鱼。如果在六天内找不到合适的鱼，它们就会被水流冲走而死去。如果真的遇到一条鱼，它们则会紧紧夹住鱼鳃，变成小小的寄生虫，在鱼身上搭八个月或九个月便车。到了“下车”的时候，它们又得碰运气才能落到一处好地方：降落的地点不能太泥泞，也不能太深，水流不能太快，也不能太慢，否则它们就会死去。而那些在河床上找到理想地点的幸运儿，可能会活上 100 多年。

淡水珍珠蚌出产的珍珠是最优质的。

淡水珍珠蚌
每年产下数百万只幼蚌，
但其中只有万分之一
能存活到成年。

貉藻

当你看见其貌不扬的貉藻时，大概不会想到这是水世界一流的快枪手，而它要的正是这种效果。这种外观纤弱的植物中间是一根绿色的长茎，上面伸出许多轮生的分枝，每根分枝末端都有一个类似陷阱夹的结构，随时可以对毫无防备的生物发动突袭。

陷阱夹的工作原理是这样的：它由两个弯曲的裂片组成，像打开的蛤壳一样张着，里面有微小的牙齿和能够感应触觉的毛。猎物一碰到毛就会触发机关，让陷阱夹的两个裂片瞬间合拢。这种植物可以捕食许多不同的东西，从轮虫和水蚤等微生物，到蝌蚪，甚至是小鱼，都不在话下。一旦困住猎物，貉藻就会用消化液替换掉陷阱夹中的水，慢慢地把猎物变成液体并吸收掉。

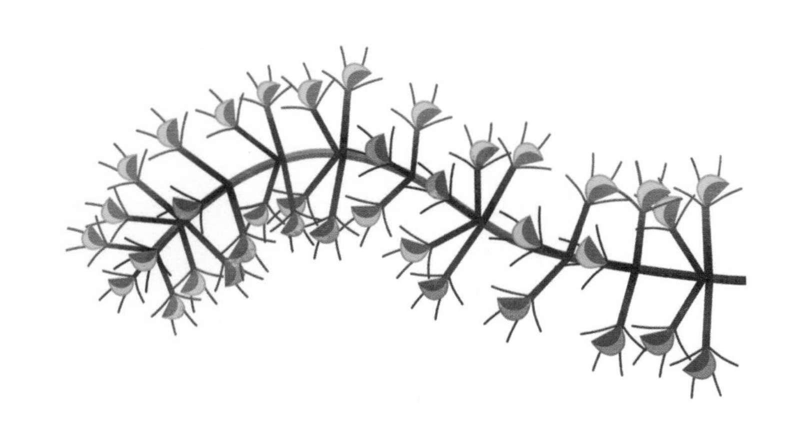

貉藻的陷阱夹关闭的速度是你眨眼速度的 15 倍。

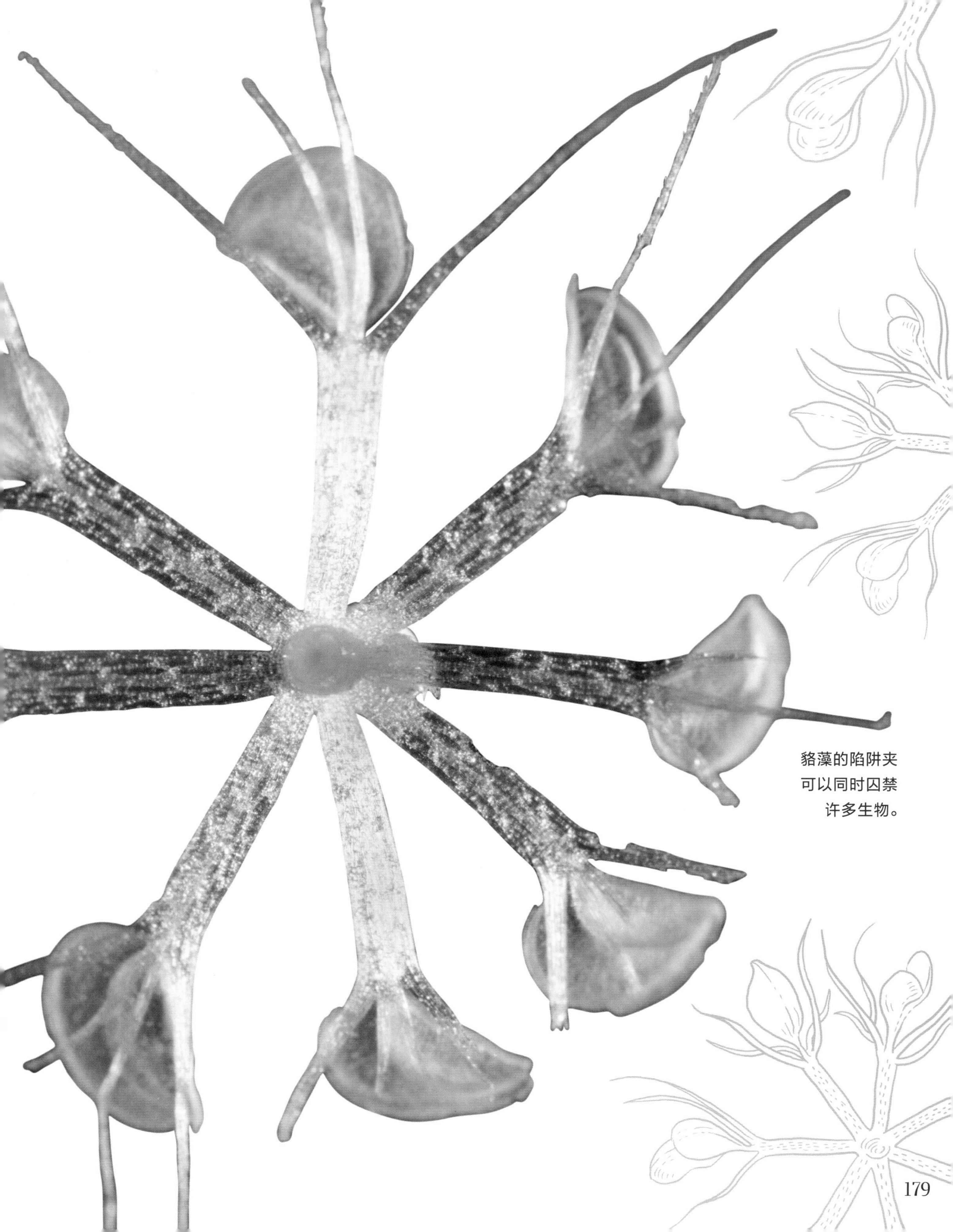

貉藻的陷阱夹
可以同时囚禁
许多生物。

这条亚河豚正在南美洲亚马孙河的支流内格罗河中游泳。

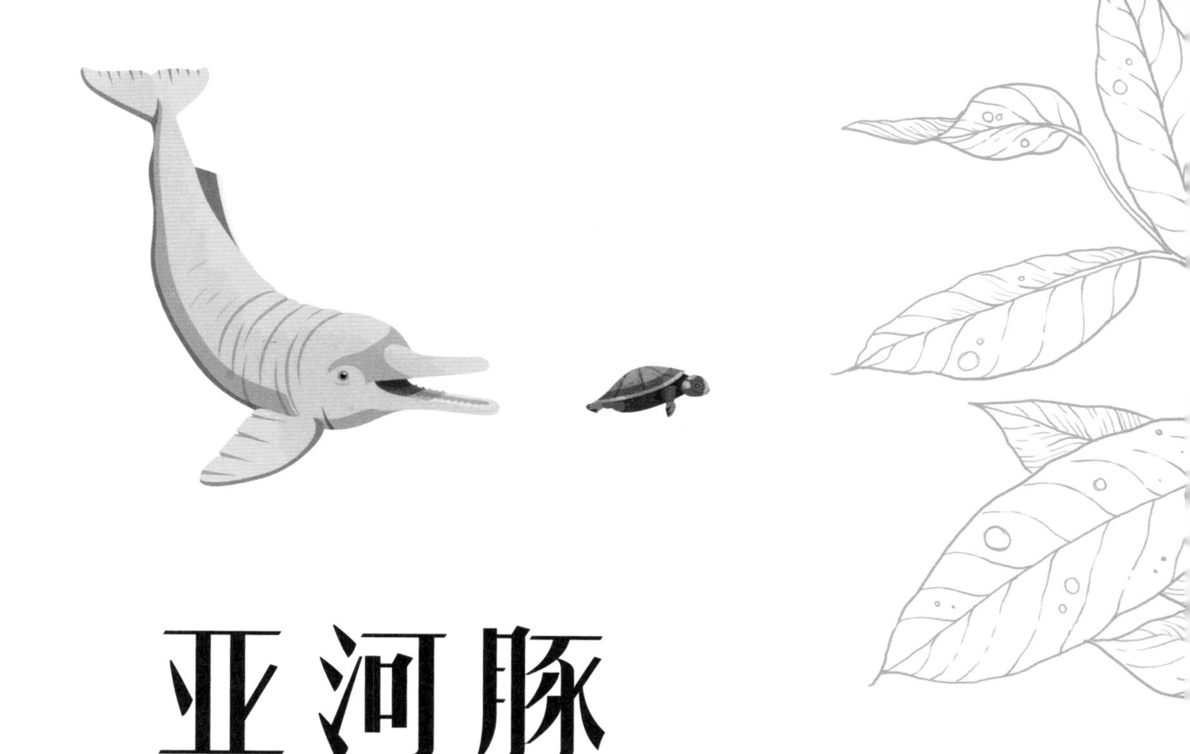

亚河豚

雄性亚河豚有时会叼起植物和木头，
然后用它们拍水来吸引雌性。

虽然亚河豚也叫粉红河豚，其实它们出生时是灰色的。人们认为，它们变成粉红色是由擦过河床和挤过障碍物时留下的刮痕和伤疤所致。雄性亚河豚打架更频繁，留下的疤痕更多，所以它们比雌性显得更红。

河豚的脊椎比海豚的脊椎灵活得多，而且河豚的脑袋可以弯 90°，这有助于它们在亚马孙河及其支流中掉头和转向。亚马孙河及其支流是许多亚河豚的家园，虽然那里麻烦不少，但还是有许多食物可以吃。亚河豚既有扁平的后牙来碾碎猎物，也有尖尖的前牙来抓住猎物，所以它们比其他海豚的食性更杂。它们主要捕食鱼类，其中包括食人鲳，甚至还有吞食水龟和蟹的记录。

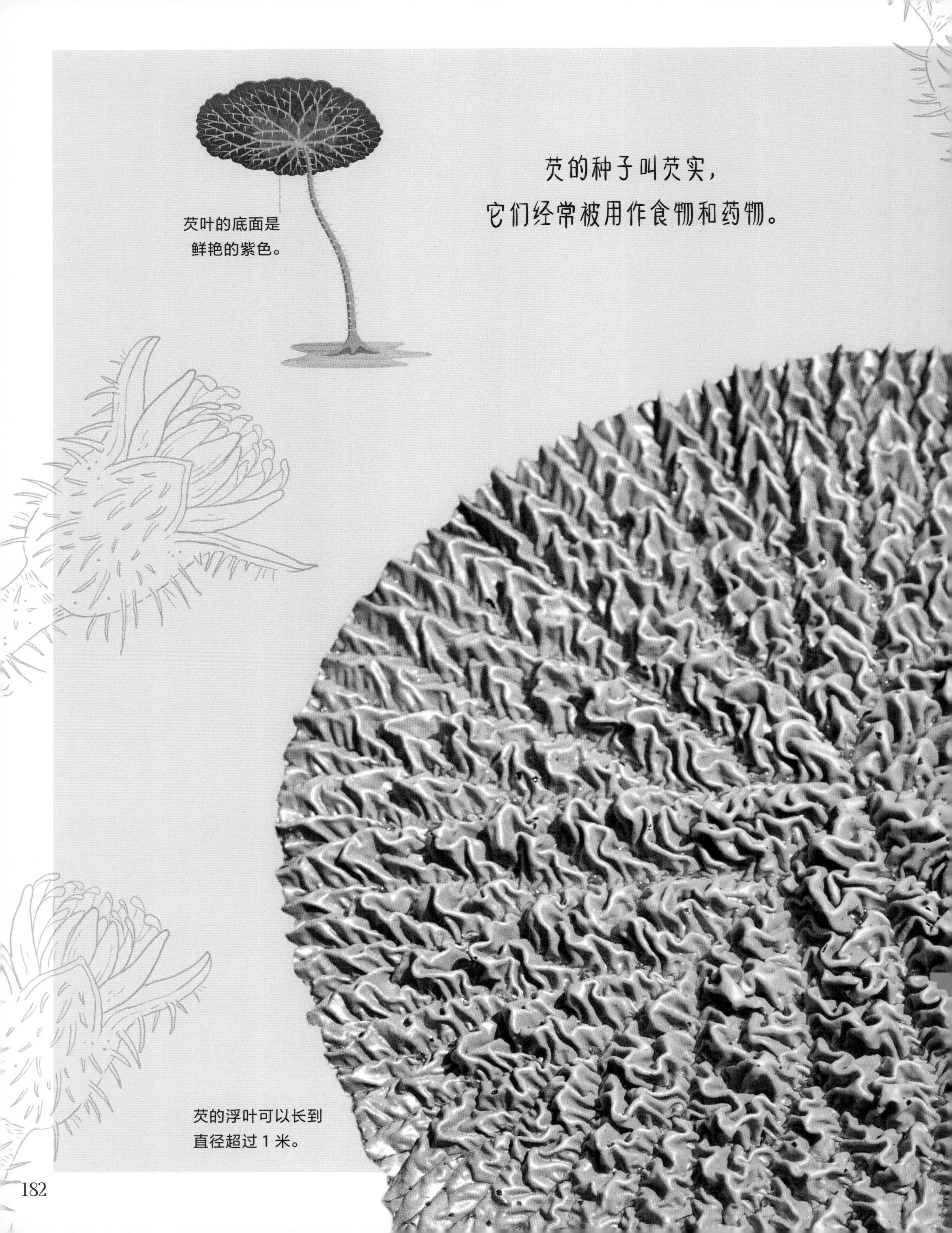

芡的种子叫芡实，
它们经常被用作食物和药物。

芡叶的底面是
鲜艳的紫色。

芡的浮叶可以长到
直径超过 1 米。

芡

芡是一种你大概不会主动去摸的植物，因为它的茎、叶，甚至是花上都布满了尖刺。就连它的拉丁语学名也形容它是凶猛的怪物！芡的刺其实是一道有效的防线，可以阻止鱼类或食草动物啃咬它。

芡的嫩芽从河床钻出来后，一路向上生长。长到水面后，一片巨大的浮叶就会展开。芡叶的下面是鲜艳的紫色，芡叶上还有可以保持气泡让叶子在水面漂浮的粗壮叶脉。这个垫子似的叶片可以长得比一张单人床还宽，但是它的表面分布着成百上千个扎人的红刺，你还是不要躺在上面为好。这么大的叶子对芡大有用处。它既能为下方遮挡阳光，也能防止其他植物在附近生长。

池塘

有的池塘很小，看起来似乎是最不起眼的水世界。然而，在许多方面，池塘其实是生存起来最危险，也最艰难的地方。它们可以在夏天完全干涸，也可以在冬天冻结成冰。因此，生活在这里的动物往往过着匆忙而短暂的一生。

蛙

池塘对蛙的生存至关重要。春天，这里到处都是蛙卵和蝌蚪。冬天，成年蛙则会在池塘底部冬眠。

疣鼻天鹅

这类天鹅用它们长长的脖子在湖泊和池塘底部寻找水草和昆虫吃。

大冠蝾螈

这些两栖动物看起来就是迷你恐龙。它们除了繁殖时到池塘，其余时间都在陆地上捕猎。

沼泽勿忘我

这些漂亮的植物用蓝色的花朵吸引蜜蜂。蝌蚪在它们的下方避难，蝾螈则在它们折叠的叶子里产卵。

苍鹭

作为池塘世界的顶级捕食者，苍鹭可以一动不动地站着，等鱼或蛙从身边游过时，突然发动攻击。飞行的时候，它们只用慢悠悠地扇动翅膀。

皇蜻蜓

皇蜻蜓是空中猎手。它们在空中捕捉蝴蝶和豆娘之类的猎物，然后边飞边吃。

旗语虻

这种飞虫的翅膀末端有一块白色的区域，可以被它们当作信号旗使用。它们在水面上跳来跳去，用摆动翅膀的方式互相交流。

北美水鼩鼱

这种水鼩鼱看起来可爱，但它们的唾液却有毒，这在哺乳动物里十分罕见。它们只用咬上一口，就能麻痹蛙、鱼和蜗牛。

水游蛇

水游蛇也叫草蛇。它们不仅会游泳，而且还把池塘当作自己最喜欢的猎场之一。

水蛭

这种水蛭靠吸食蛙、两栖动物和哺乳动物的血液生存，是不折不扣的吸血鬼。它的嘴由三个颚组成，里面有一百颗细齿。

为了在水下也能呼吸空气，
这种甲虫下潜时会在鞘翅下面
携带一层薄薄的空气。

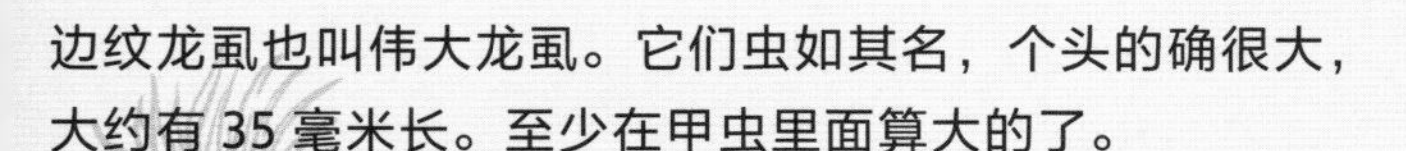

边纹龙虱也叫伟大龙虱。它们虫如其名，个头的确很大，
大约有 35 毫米长。至少在甲虫里面算大的了。

边纹龙虱

看着这只体圆眼大、泛着绿光的甲虫，有些人可能会觉得它挺漂亮。很难想象，它其实是一个贪婪的捕食者和大师级刺客。边纹龙虱可以捕食蝌蚪、蝾螈，甚至是小鱼。它们的幼虫和成虫长得截然不同。边纹龙虱的幼虫有一个长长的，像龙一样的身体，有一对大颚。奇怪的是，幼虫的体长可以长到成虫的两倍，而且它们的胃口和成虫一样大。

边纹龙虱生活在静止或缓慢流动的水中，比如花园的池塘，甚至是牛槽。幼虫接近成熟后会离开水，到地下变成一个茧。几周过后，它们就会以成虫的姿态破茧而出。

边纹龙虱的幼虫可以
长到 6 厘米长。

巨獭

巨獭是世界上最大的水獭，
体长可达1.8米，和有些成年人的身高相当。

在南美洲的水体里，有些水獭体形超大，能够捕食大型鲇鱼，甚至是凯门鳄。巨獭以家庭为单位生活，成员包括一对终身相伴的父母和几代子孙。它们的窝是全家的住宅，里面有睡觉的地方，也有专门的“厕所”。小水獭在出生后大约四个月的时间里，都需要妈妈的奶水和家人的保护。不过，十个月大的时候，它们就完全长大了。

巨獭不仅住在一起，还经常一起捕食，它们像狼群一样在河边围捕鱼类。巨獭非常适合水中生活。它们的皮毛是防水的，可以让皮肤保持温暖和干燥。它们还有带蹼的大脚和有力的尾巴来推动自己在水中前进。巨獭潜水时，甚至可以闭上鼻孔，防止呛水。

一只巨獭在巴西的潘塔纳尔湿地休息。

黄金水母

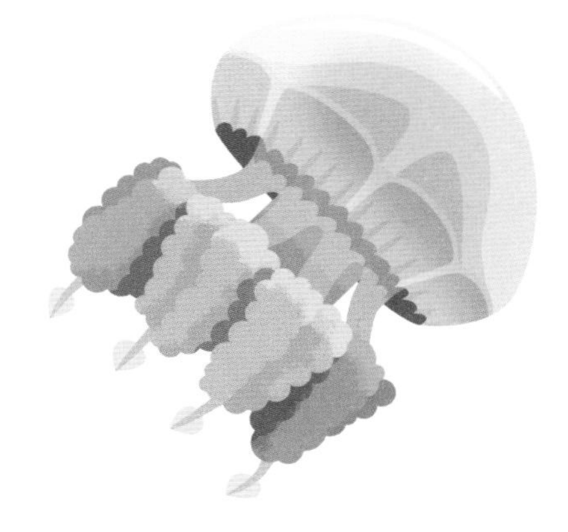

黄金水母身上的刺特别小，无害，
所以人们在成群的黄金水母之间游泳也没事。

科学家认为，许多年前，一些远洋水母被困在了西太平洋帕劳的一个咸水湖里，那里几乎没有它们可以吃的食物。为了生存，这些水母开始依赖体内的微小藻类——虫黄藻，从阳光中获取能量。这样一来，水母就不需要捕食了。于是，它们长长的、带刺的触手逐渐缩短。在周围没有鱼类和海龟等天敌的安全环境下，这些水母变得越来越多。

如今，在那个人称水母湖的湖泊里，生活着数以百万计茶杯大小的黄金水母。为了让虫黄藻尽可能地吸收阳光，黄金水母每天都要跟随太阳在天上的运动轨迹，从水母湖的一端游到另一端。

娇小的黄金水母
每天都会游到水面晒太阳。

大齿锯鳐是极危物种，它们可以长到和马一样重，将近 6 米长。

大齿锯鳐

大齿锯鳐的长度几乎是
成年人身高的四倍。

大齿锯鳐看起来就像是一条把电锯吞了一半的鲨鱼怪。然而，它实际上是鲨鱼的近亲——锯鳐。大齿锯鳐又长又扁的鼻子两边都有尖锐的牙齿，只要用它快速地左右划一刀，就可以杀死猎物。大齿锯鳐主要在沙质或泥质海床上捕食鱼类和甲壳动物，有时也会冲进鱼群左劈右砍。

大齿锯鳐宝宝从妈妈身体里出来时就有小孩子的胳膊那么长，好在锯鳐妈妈的分娩并不太痛苦，因为宝宝的牙齿在出生后的第一周里被一层果冻状的物质覆盖着。不幸的是，所有种类的锯鳐都处在灭绝的边缘。它们很容易被渔网缠住，还有人喜欢把它们造型独特的鼻子当作纪念品收藏。

疣鼻天鹅

天鹅妈妈会照顾天鹅宝宝好几个月，
有时还让它们骑在自己背上。

这两只疣鼻天鹅正头
靠着头、互相模仿。

天鹅有着长长的脖子，是所有鸟类中最美丽、最优雅的，难怪它们能吸引我们的想象力，在安徒生的《丑小鸭》以及许多其他的故事里担任主角。天鹅也常常与爱情和浪漫联系在一起，这是有很好的理由的。这种鸟通过模仿对方的动作来追求伴侣，比如上下摆头或者绕圈游动。天鹅通常一夫一妻，相守一生，但偶尔也会分开另寻新侣。

然而，天鹅美丽的外表之下却有一副坏脾气。它们在保护自己的巢和宝宝时会变得很凶。成年天鹅有一个又大又硬的喙和一对呼扇生风的巨大翅膀，所以多数情况下还是跟它们保持距离比较好。

这条公牛真鲨正在加勒比海中和几条鲫鱼一起游泳。

公牛真鲨

虽然公牛真鲨在海洋里最常见，但它们也能在淡水中生存。有人甚至看到过它们在南美洲安第斯山脉底部的亚马孙河中游弋，那里距离海洋至少有 3200 千米远。为了寻找理想的觅食场所，公牛真鲨甚至可以像鲑鱼一样跳跃，逆着泛白的急流上行。大白鲨和虎鲨或许更有威名，但公牛真鲨对人类更有威胁，这大概是因为它们生活在滨海的浅水地带。

顾名思义，公牛真鲨有一副粗壮如牛的身躯，能够与非常大的猎物搏斗。它们交错的三角形牙齿有着锯子一样的边缘，几乎可以切断任何会动的东西，比如海龟、海豚、其他鲨鱼，有时甚至还包括人类。

公牛真鲨拥有极好的听觉和出众的嗅觉
来帮助它们在浑浊的水中导航。

射水鱼

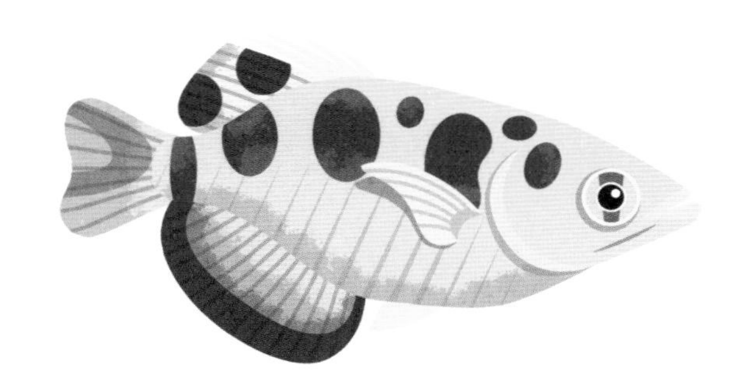

在东南亚的溪流、江河与红树林中，生活着一个足以与传说中的神射手罗宾汉一比高下的射箭冠军——射水鱼。只不过射水鱼用的不是弓箭，而是一张不可思议的嘴。

这种小鱼游荡于水面之下，从悬垂在水上的树枝上寻找爬动的昆虫和蜘蛛。射水鱼有能力透过弯曲光线的水看清并准确定位猎物。一旦发现目标，它能在 3 米之外喷出一股水流，把毫无防备的猎物从树枝上打下来，然后一口吃掉。

射水鱼的“箭术”非常高超，
它们几乎次次都能一击即中。

这条射水鱼正在喷水，
以猎捕上方树叶上的蜘蛛。

多鳞沙粒魟

如果被鱼钩钩住，
多鳞沙粒魟会拽着渔船逃走，
甚至把船拖到水下。

多鳞沙粒魟既是世界上最大的淡水鱼之一，也是最神秘的鱼类之一。几千年来，这些神出鬼没的巨兽一直没有被科学家发现。对于能够长得和汽车一样大、和马一样重的它们来说，这可是一项了不起的成就。它们的宝宝也很大，刚出生就差不多有餐盘那么大。

多鳞沙粒魟在大型泥泞河流的底部消磨时间，吸食小鱼、蟹和淡水螺。尽管体形庞大，这些优雅的水中滑翔者对人类并不会构成太大的威胁。不过，它们的尾巴底面有一条带倒钩的棘刺，可以轻易地刺穿皮肤和骨头。

一条多鳞沙粒魟在水中滑行。

湍鸭

有时最危险的地方也是最安全的地方。除了最勇敢的动物之外，其他的动物都对南美洲安第斯山脉底部汹涌的河流和瀑布望而却步，可湍鸭偏偏选择在那里泛白的激流中生活。它们在小岛或河岸上休息和筑巢，以避开水和捕食者的侵扰。湍鸭在河床上捕食石蛾的幼虫。它们用宽大的蹼足和鱼雷状的身体在水中快速穿行，还用一条硬硬的小尾巴来控制方向。

雌性湍鸭比其他鸭子孵蛋的时间长，因为它们希望自己的宝宝在面对周遭波涛汹涌的世界之前尽可能地长大。小湍鸭刚孵化出来就会游泳。

湍鸭可以在奔涌的河流上方的悬崖上筑巢。
这种情况下，无所畏惧的小湍鸭必须完成一次落差很大的高台跳水才能开始它们的生活。

这只孤零零的湍鸭
正在厄瓜多尔的
一条急流旁的岩石上歇息。

维多利亚湖姆凡加诺岛附近的食用幽蚊群。

如果你把维多利亚湖里所有食用幽蚊加在一起，
总重相当于160头蓝鲸。

食用幽蚊

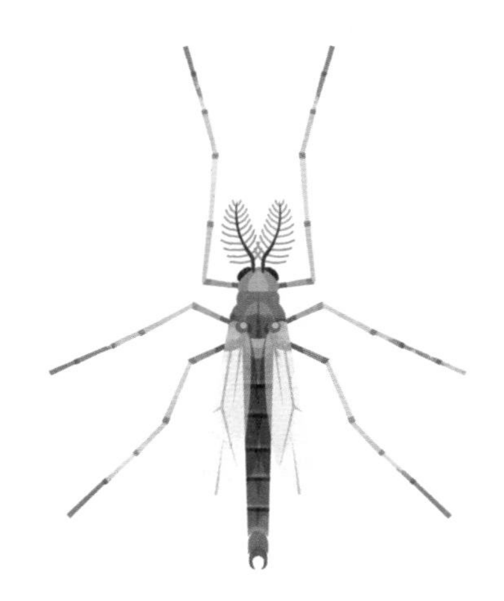

每个月的新月过后，非洲的维多利亚湖上空都会出现一幅令人惊叹的景象：一团团飞旋的巨大黑云像有生命的龙卷风一样在水上飘舞。这些“云”其实是聚在一起的大群食用幽蚊，有时甚至高得像耸立于水上的摩天大楼。数以万亿计的食用幽蚊同时飞翔，成就了这个在地球上规模数一数二的动物群聚现象。

每个月都有无数小幽蚊从湖里一起出生。在这里，数量多就意味着安全——由于它们同时孵化，捕食者根本忙不过来。唾手可得的食用幽蚊也是人类的美食。湖边居民常用网捕捉并把它们制成富含蛋白质的肉饼。

丽鱼

丽鱼科是鱼类中最大的科之一，这个科中包含了你所有能想象到的鱼的形状、大小和颜色。但它们有一个共同点——都是很棒的父母。通常，雄鱼会在砾石中挖出一个小洞或巢，供雌鱼产卵。为了引诱雌鱼进去，雄鱼会表演舞蹈快速摆鳍、来回游动。

在雌鱼产下卵，雄鱼也给卵授精后，它们之一就会把受精卵含进嘴里！哪怕在卵孵化之后，丽鱼宝宝也还是生活在那里。对鱼宝宝来说，这是最安全的地方。一旦遇到威胁，成年丽鱼就会带着全家一起逃走。

丽鱼会用嘴巴打架，
那时它们会嘴贴着嘴，看起来很像接吻。

一条带宝宝的
成年丽鱼。

小小的划蝽只有大约 13 毫米长，
而且比水还轻。

划蝽

划蝽这个名字十分形象，因为它们的腿长得就像带羽毛的桨，可以在池塘的水面快速划动。从低洼的热带湿地到尼泊尔的高山湖泊，你可以在几乎每一种淡水生境，还有每一个花园的池塘里见到这些小家伙。

划蝽很容易被误认为是仰蝽。它们看起来的确非常相似，但仰蝽是用仰泳的姿势游水的！另外，划蝽是植食性动物，它们吃池塘边生长的植物；而仰蝽却是肉食性动物，被它们咬上一口很疼。划蝽个头虽小，声音却大得出奇。在温暖的夏夜，你可以听到雄性划蝽为雌性划蝽演奏小夜曲。这种声音是用腿在头上摩擦发出来的，就像小提琴手拉琴弓一样。

如果以音量相对于个头的比例来评判，
在所有动物里，
划蝽发出的声音是最响的。

从水里来到陆地

大约 37 亿年前，地球的海底出现了第一批生物。从此，这个星球上的生命发展势不可挡。然而，生命从海洋走向陆地的过程并不是一帆风顺的，而是需要克服许多的重大障碍，特别是既要在一个没有生命的地方找到食物，又要避免在一个有阳光照耀的世界里干死。

4 亿年前

腔棘鱼

腔棘鱼是最早离开水的那批鱼的近亲。它们厚实而圆润的鳍看起来很像腿。

4.2 亿年前

肺鱼

随着植物让空气中出现可供呼吸的氧气，一些鱼类除了有鳃，还发育出了肺。

3.75 亿年前

提塔利克鱼

提塔利克鱼可能是最早走出浅海，来到陆地的鱼。它们的鳍长得像手腕，头顶上的大眼睛可以窥视水面上的情况。

3.7 亿年前

鱼石螈

鱼石螈是最早的两栖动物之一。它们在陆地上生活，但必须回到水里产卵。

37 亿年前

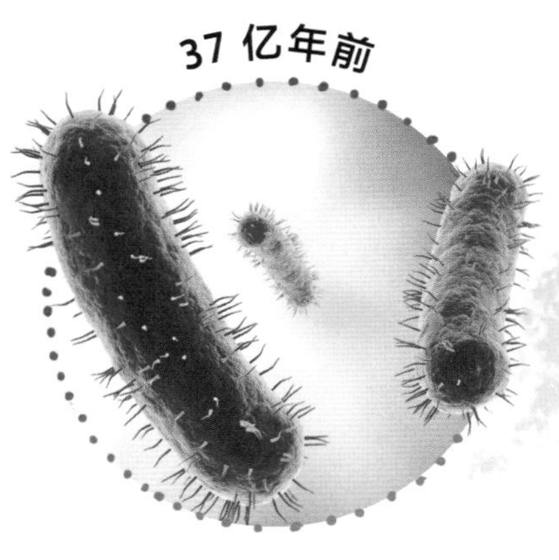

最早的生命

单细胞生物以细菌的形式出现，这是地球上生命的开端。

6 亿年前

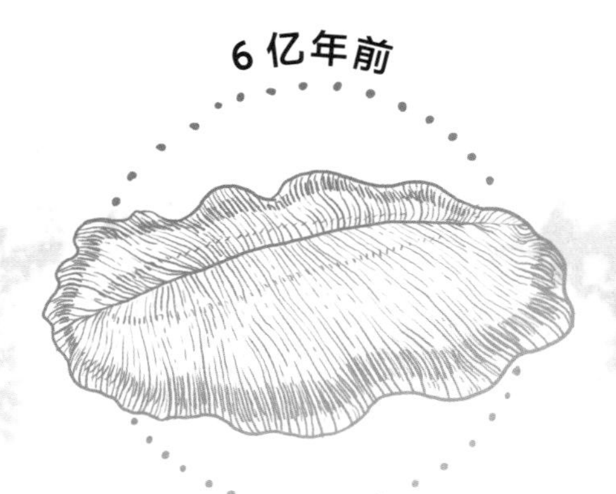

最早的动物

海底发展出了更加复杂的具有多细胞的生命形式。它们是最早的动物，例如卵形的狄更逊水母。

5.4 亿年前

寒武纪生物大爆发

这段时期演化出了许多不同种类的海洋动物，其中包括一些看起来与现存海洋动物相似的动物，比如水母、蠕虫和虾。

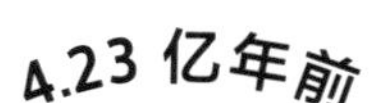

4.23 亿年前

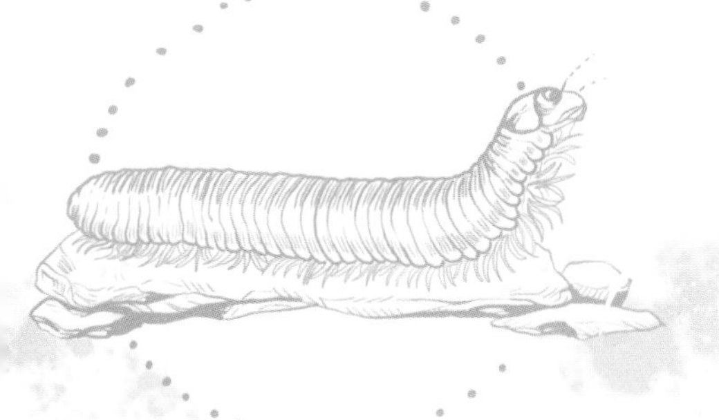

节肢动物

节肢动物门中类似马陆的多足生物为了上岸生活，用爬行的腿代替了游水的桨状肢。

4.3 亿年前

库克逊蕨

为了争夺阳光，一些像库克逊蕨这样的植物开始向上生长，身体也逐渐变硬，最终演变成了最早的树。

4.7 亿年前

地钱门植物

阳光对植物来说就是能量。空旷的土地上有充足的空间晒太阳，所以小而扁平的陆生植物成了陆地最早的入侵者，给岩石铺上了一层绿毯。

3.15 亿年前

雷氏林蜥

两栖动物果冻状的卵总是处在失水干涸的危险之中。雷氏林蜥是最早产羊膜卵而不必在水中繁殖的爬行动物之一。爬行动物也包括后来的恐龙。

3.06 亿年前

始祖单弓兽

始祖单弓兽可能看起来像蜥蜴，但它其实是所有哺乳动物的祖先。老鼠、狮子、大象和人类都属于哺乳动物。

1.5 亿年前

始祖鸟

在其他恐龙还保持着鳞皮时，有些恐龙长出了羽毛，比如始祖鸟。学会飞行后，无论是寻找食物还是躲避敌害都更加便捷了。

从陆地回到水里

水边的交通不是单向的。在陆地上已有太多不同生物为生存竞争的今天，有些物种为了充分利用待在水里的机会，不仅演化出了适应水中生活的特征，甚至又回到了水中生活。

早期哺乳动物

有些从陆地返回水里生活的早期哺乳动物看起来就像今天的海牛。它们在浅水地带吃草。

1.2 亿年前

睡莲

由于天空中到处是飞行昆虫，被子植物即使在水中生长也不缺授粉者。

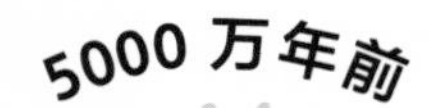

巴基斯坦古鲸

这些叫巴基斯坦古鲸的捕鱼哺乳动物看起来像是狼和貘的杂交体，但它们实际上是鲸和海豚的祖先。

2.6 亿年前

非洲正南龟

最早的龟没有壳，看起来像胖胖的蜥蜴。和两栖动物相反，非洲正南龟必须要到陆地上产卵。

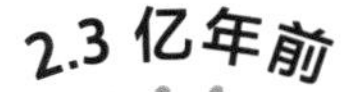

海龟

现代海龟（也称绿海龟）拥有鳍状肢和平滑的壳，看起来天生就是在水里生存的料。不过，它们的祖先却是旱鸭子。

1.3 亿年前

蒙特塞克藻

以今天的标准来看，蒙特塞克藻就像普通的池塘杂草。然而在 1.3 亿年前，它可是最早的水生被子植物之一。

1.4 亿年前

甘肃鸟

除了在陆地和天空称霸，不少的鸟类还完善了在水中生活的本领。这一类早期的水鸟看起来很像潜鸟和鹈鹕，只是嘴里多了牙齿。

4000 万年前

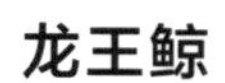

龙王鲸

龙王鲸是第一批完全水生的鲸类，它们的“腿”已经退化成了鳍状。

3000 万年前

潜鸟

潜鸟是现存最古老的鸟类。它们拥有短小的翅膀，强有力的腿和可以让它们在水里下沉的实心骨骼，简直就是为潜水而生的。潜鸟可以在水下憋气五分钟。

词语表

捕食者 把其他动物当作食物猎杀的动物。

哺乳动物 用乳汁喂养幼崽的脊椎动物。

冬眠 某些动物在冬天经历的不活动期。

毒液 动物或植物通过毒牙或毒刺注射的有毒物质。被注入毒液的对象可能会死亡。

浮游生物 生活在海洋表层，随波漂浮的微小生物。

管水母 类似水母的动物，身体透明，在海中漂浮。僧帽水母便属于管水母。

红树林 生长在浅海和潮汐区的以红树科植物为主体的木本植物群落。

极危物种 濒临灭绝的可能性极高的动植物物种，比如玳瑁。

急流 高速流动的江河或溪流的一部分，往往在非常陡峭的地面上流动。

脊椎动物 有脊椎的动物。

寄生动物 在别的动物身上生活并且利用它获取食物的动物。

甲壳动物 有外骨骼的无脊椎动物，比如螃蟹和龙虾。

凯门鳄 美洲的爬行动物，与短吻鳄都属于鳄目。

昆虫 无脊椎动物的一种，有六条腿，成虫身体分为头、胸、腹三个部分。许多昆虫长有翅膀，而且能飞行。

两栖动物 幼年时生活在水中，成年后可以在陆地和水之间活动的变温脊椎动物。

猎物 被其他动物当作食物猎杀的动物。

鳞 覆盖在爬行动物和鱼等身上的薄片。

流域 河流及其支流流经的土地，比如亚马孙河流域。

灭绝物种 已完全灭绝，不再存在的生物物种。

爬行动物 有鳞或骨板的变温脊椎动物，通常是卵生。

蹼 指游禽或其他水生动物的脚趾之间的一层膜。

鳍 水生脊椎动物身上帮助其游泳的扁平肢体。

迁徙 动物有规律的长距离移动，通常是为了进食或繁殖。

群落 相同物种的生物在一起生活和密切互动中形成的群体。

热带 地球上的低纬地带，南、北回归线之间的地区，一般气温高、降水量大。

热液喷口 深海海床上的开口，其中有富含矿物质的热水从地球内部喷涌而出。

软体动物 身体柔软的无脊椎动物，大多数有硬壳，比如蚌。

鳃 鱼类等水生动物体内用来从水中获取氧的器官。

珊瑚 珊瑚虫坚硬的外骨骼，加上贝壳、钙藻等可以积累成大型珊瑚礁。

珊瑚礁 由一群珊瑚在热带海岸的温暖水域中形成的类似岩石的结构。许多鱼类和其他海洋生物都在珊瑚礁周围生活。

生境 又称栖息地，生物的天然家园。

生态系统 生活在特定环境中并与之相互作用的生物所组成的整体。

生物发光 生物发出的光。

湿地 濒临江河等水体周边，并长期受水浸泡的洼地、沼泽和滩涂和总称。

食草动物 吃植物的动物。

食腐动物 以动物尸体为食的动物。

食肉动物 主要以动物为食物的动物。

食物链 各种以其他生物为食物来源的生物组成的自下而上、环环相扣的关系链。

水母 无脊椎海生动物，身体柔软，常为伞状，口位于身体中央，周围有带刺的触手。

水螅体 一种小型动物，身体呈杯状，嘴巴周围有固定在海床上的触手。珊瑚便属于水螅体。

头足类动物 大脑袋上长着口腕的软体动物，比如鱿鱼和章鱼。

伪装 动物的皮、毛或羽毛上有助于让自身与环境融为一体的颜色或图案。

温带 地球的中纬度地带，南北半球各自的回归线与极圈之间的地区，一般气候温和。

无脊椎动物 没有脊椎的动物。

物种 同一类型的生物。一个物种的成员可以一起繁殖。

稀树草原 热带和亚热带国家开阔的草原。

幼体 某些动物发育过程中的初级阶段，需要经历变态才能发育成成体。动物的幼体（比如蝌蚪）看起来与成年形态明显不同。

鱼 生活在水下的变温脊椎动物。

雨林 降水量非常大的密林。大多数热带雨林都很炎热。

杂食动物 既吃植物又吃动物的动物。

藻类 低等自养植物，是没有根、茎、叶的分化的简单生命体，生长在水中或水边等。海藻就属于藻类。

沼泽 低洼的由河流灌溉的荒野，以及积水的地区。是地面长期被水覆盖的湿地生态系统。

支流 流入大河的小溪或小河。

图片索引

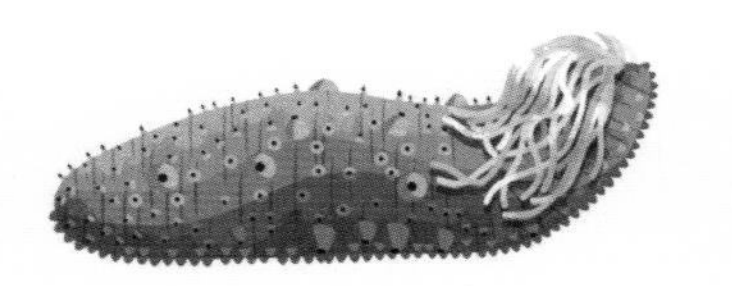

海参，第6页
分类：无脊椎动物
分布：世界各地的海洋

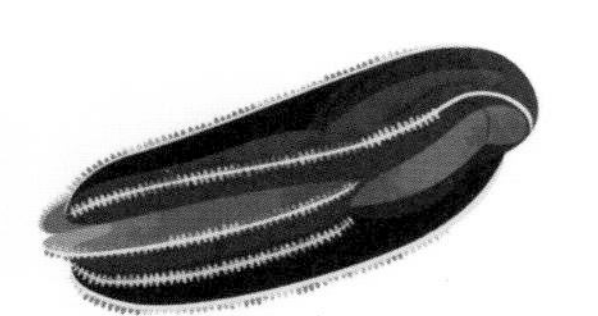

栉水母，第8页
分类：无脊椎动物
分布：世界各地的海洋

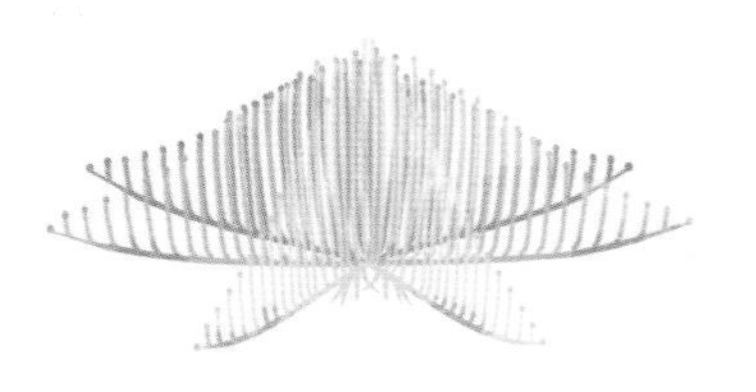

竖琴海绵（食肉海绵），第11页
分类：无脊椎动物
分布：太平洋东北部

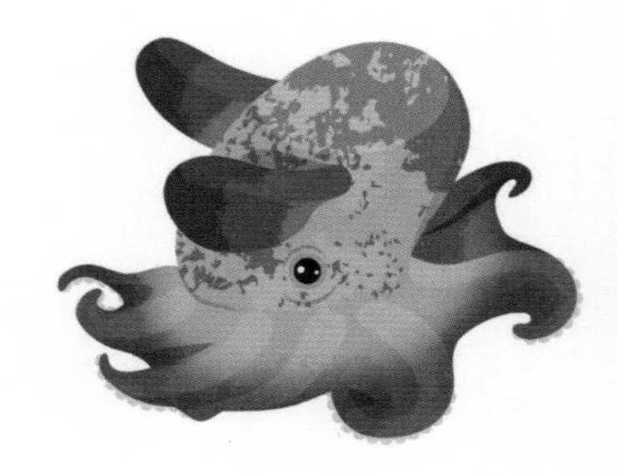

烟灰蛸，第13页
分类：无脊椎动物
分布：世界各地的海洋

多鳞虫，第14页
分类：无脊椎动物
分布：世界各地的海洋

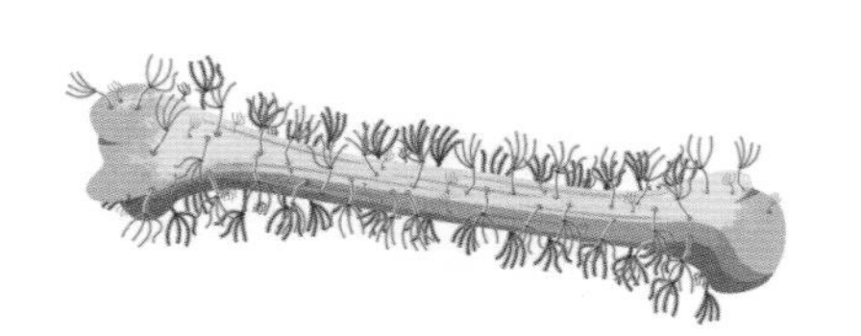

食骨蠕虫，第16页
分类：无脊椎动物
分布：深海的海床上

鳞角腹足螺，第18页
分类：无脊椎动物
分布：印度洋

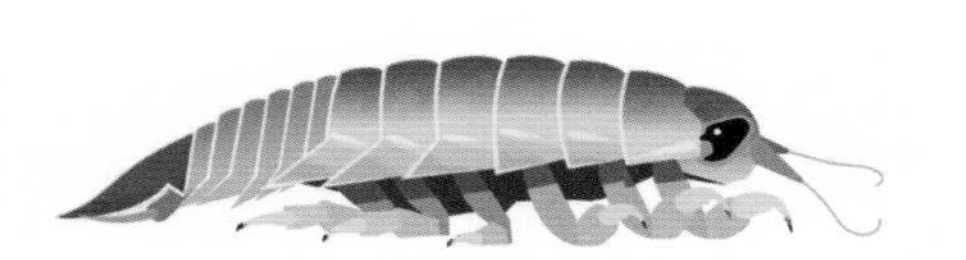

大王具足虫，第21页
分类：无脊椎动物
分布：深海的海床上

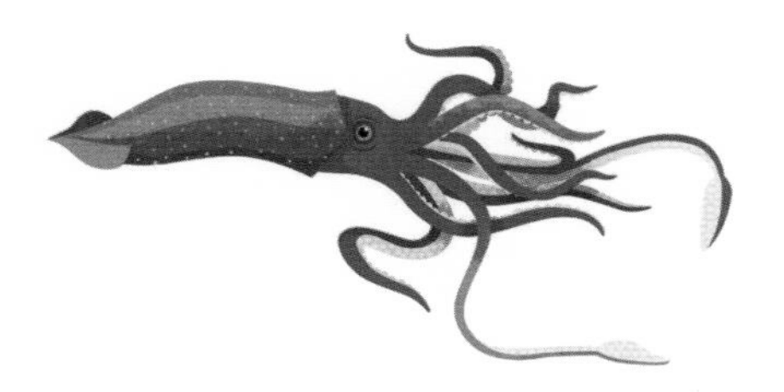

大王乌贼，第25页
分类：无脊椎动物
分布：世界各地的海洋

抹香鲸，第27页
分类：哺乳动物
分布：世界各地的海洋

幽灵蛸，第29页
分类：无脊椎动物
分布：热带和温带的深海

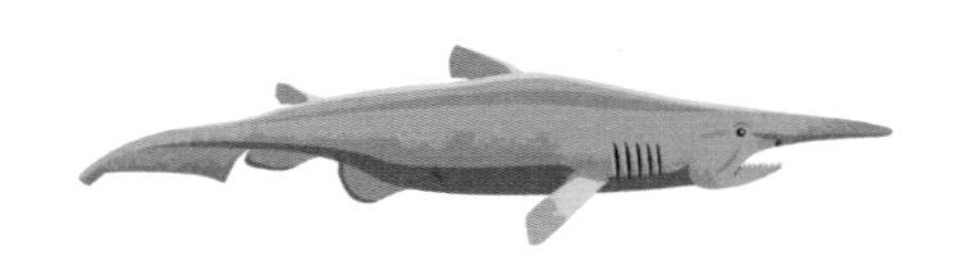

欧氏尖吻鲨，第30页
分类：鱼类
分布：大西洋、太平洋和印度洋

海羊齿，第32页
分类：无脊椎动物
分布：世界各地的海洋

象海豹，第34页
分类：哺乳动物
分布：太平洋北部和南极海域

棱皮龟，第37页
分类：爬行动物
分布：大西洋、太平洋和印度洋

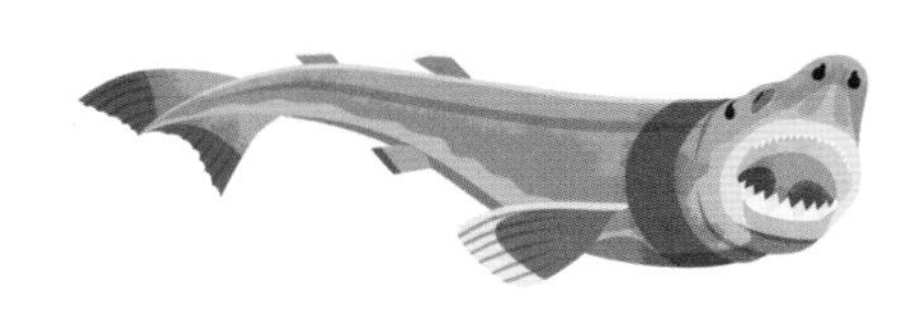

雪茄达摩鲨，第38页
分类：鱼类
分布：温暖的海域

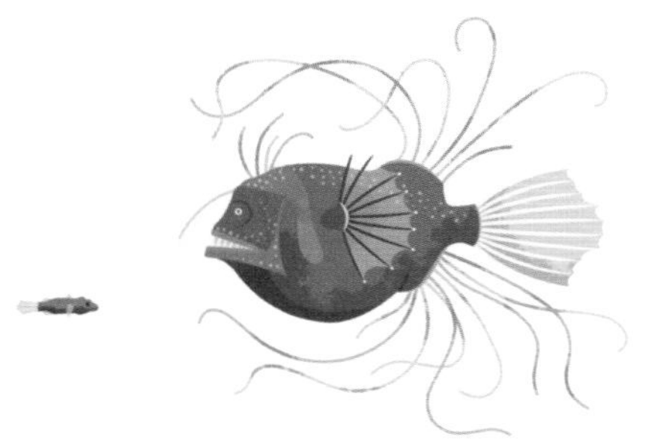

乔氏茎角鮟鱇，第 40 页
分类：鱼类
分布：大西洋、太平洋和印度洋深处

大鳍后肛鱼，第43页
分类：鱼类
分布：深海的海床上

阿德利企鹅，第47页
分类：鸟类
分布：南极洲

噬人鲨，第50页
分类：鱼类
分布：世界各地的海洋

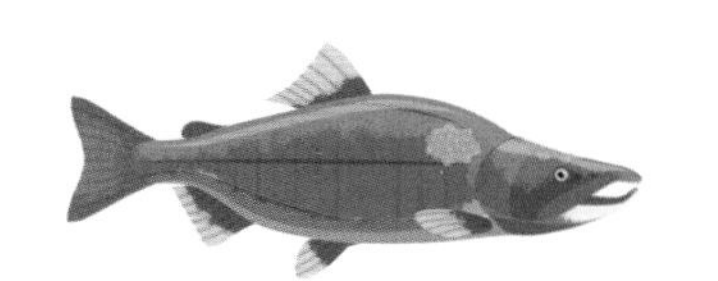

海洋真菌，第53页
分类：真菌
分布：世界各地的海洋和湿地

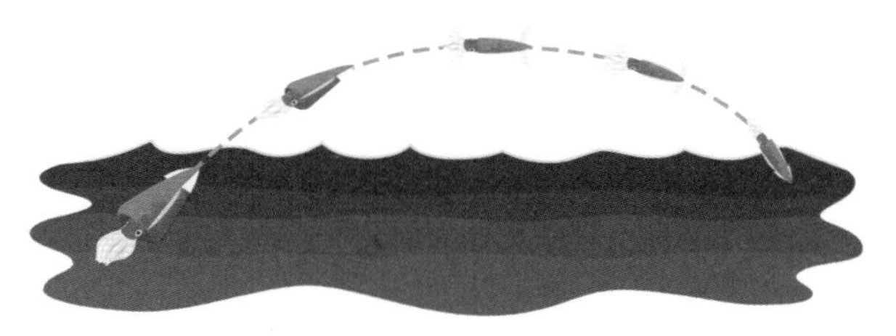

太平洋褶柔鱼，第55页
分类：无脊椎动物
分布：世界各地的海洋

芋螺，第57页
分类：无脊椎动物
分布：印度洋和太平洋

加州海狮，第58页
分类：哺乳动物
分布：北太平洋的东岸

巨纵沟纽虫，第61页
分类：无脊椎动物
分布：凉爽的北方近海

蓝鲸，第64页
分类：哺乳动物
分布：北冰洋以外的所有海洋

豹海豹，第67页
分类：哺乳动物
分布：南极洲附近水域

蓑鲉，第68页
分类：鱼类
分布：温暖的浅海珊瑚礁

球法囊藻，第71页
分类：藻类
分布：热带和亚热带海洋

灯塔水母，第73页
分类：无脊椎动物
分布：世界各地的海洋

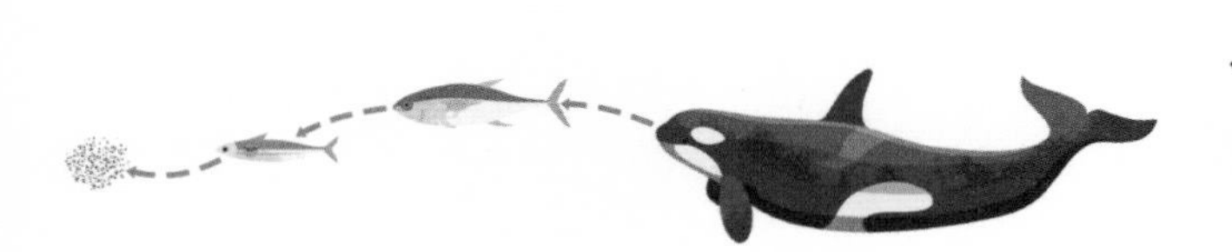

海洋浮游生物，第75页
分类：多个类群
分布：世界各地的海洋

火焰乌贼，第77页
分类：无脊椎动物
分布：印度洋和太平洋

东太平洋绒毛鲨，第78页
分类：鱼类
分布：太平洋东部

仙掌藻，第83页
分类： 藻类
分布： 温暖的浅海

翻车鲀，第85页
分类： 鱼类
分布： 温带和热带海洋

埃氏细螯蟹，第86页
分类： 无脊椎动物
分布： 淡水泉水和溪流

紫海扇，第88页
分类： 无脊椎动物
分布： 世界各地的浅海

拟态章鱼，第91页
分类： 无脊椎动物
分布： 印度尼西亚河流入海口的底部

海草，第92页
分类： 植物
分布： 世界各地的咸水水域

儒艮，第95页
分类： 哺乳动物
分布： 印度洋和太平洋温暖的近海

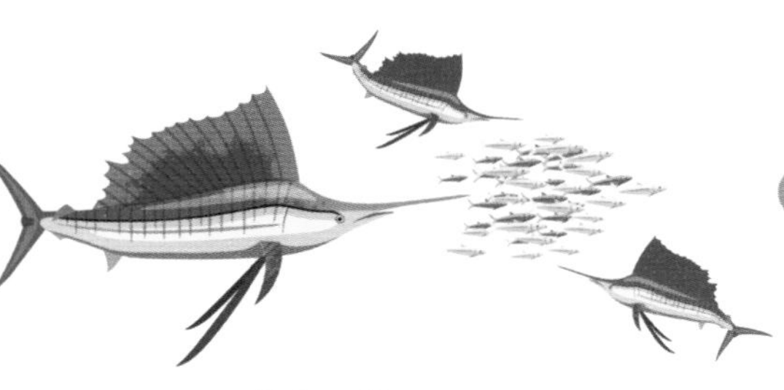

旗鱼，第96页
分类： 鱼类
分布： 世界各地温暖的海域

澳大利亚短平鼻海豚，第98页
分类： 哺乳动物
分布： 澳大利亚和巴布亚新几内亚的太平洋海岸线

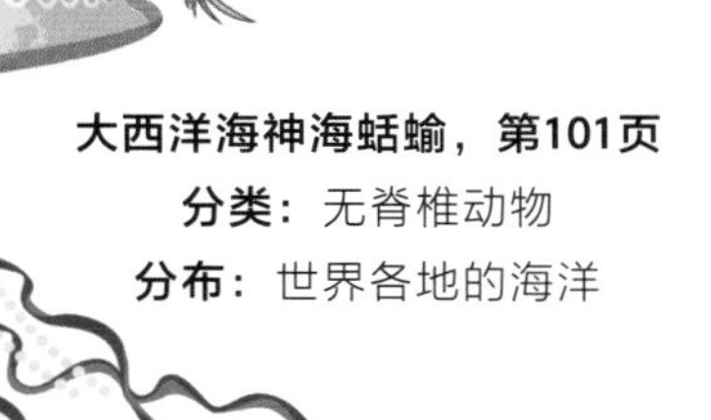

大西洋海神海蛞蝓，第101页
分类： 无脊椎动物
分布： 世界各地的海洋

水雉，第105页
分类： 鸟类
分布： 撒哈拉以南非洲的湿地

丝叶狸藻，第106页
分类： 植物
分布： 世界各地的湖泊、溪流和湿地

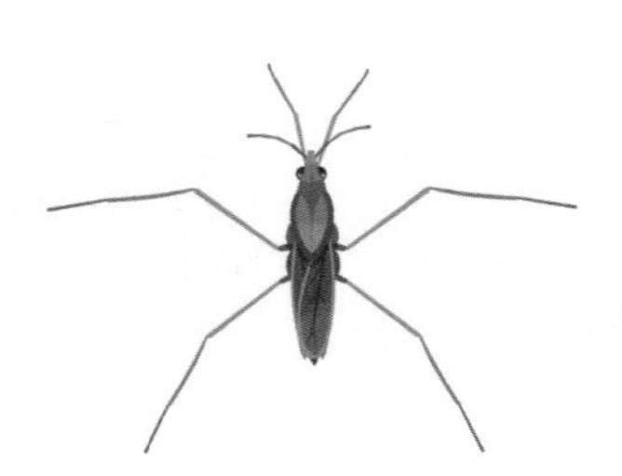

黾蝽，第109页

分类： 昆虫纲

分布： 湿地和池塘

泥炭藓，第110页

分类： 植物

分布： 从热带到近极地的池塘、沼泽和泥潭

非洲牛蛙，第113页

分类： 两栖动物

分布： 非洲稀树草原的池塘和湿地

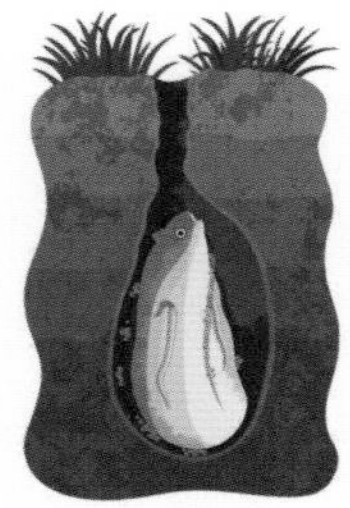

肺鱼，第114页

分类： 鱼类

分布： 非洲、南美洲和大洋洲的江河与湖泊

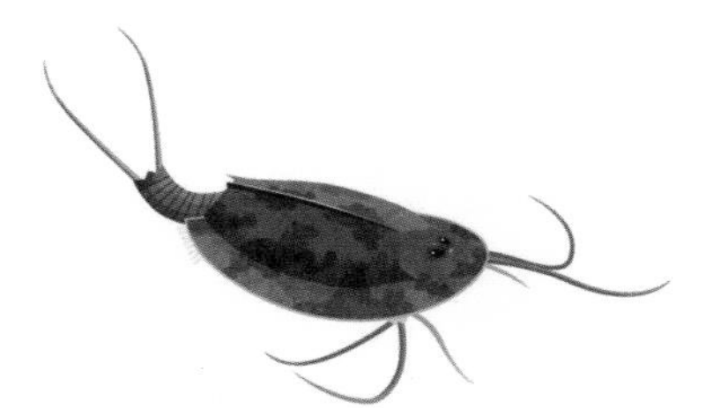

鲎虫，第116页

分类： 无脊椎动物

分布： 世界各地的池塘

亚马孙森蚺，第120页

分类： 爬行动物

分布： 南美洲的雨林

贝加尔海豹，第122页

分类： 哺乳动物

分布： 俄罗斯的贝加尔湖

渔猫，第125页

分类： 哺乳动物

分布： 南亚和东南亚的湿地

电鳗，第126页

分类： 鱼类

分布： 南美洲的池塘和江河

水蜘蛛，第129页

分类： 蛛形纲

分布： 欧洲和亚洲北部的湖泊和池塘

虎纹钝口螈，第131页

分类： 两栖动物

分布： 北美洲

水蚤，第132页

分类：无脊椎动物

分布：北半球的池塘和溪流

臭菘，第135页

分类：植物

分布：北美洲的湿地

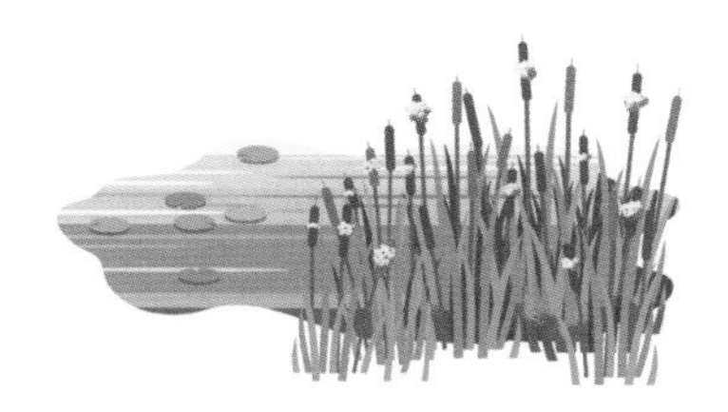

香蒲，第137页

分类：植物

分布：世界各地的湿地

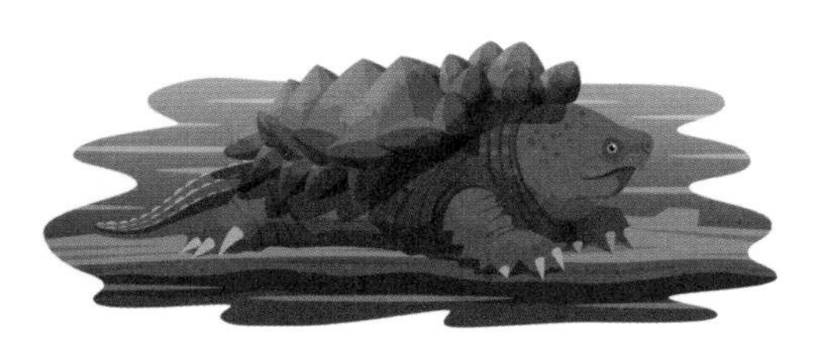

大鳄龟，第138页

分类：爬行动物

分布：美国东南部的湿地

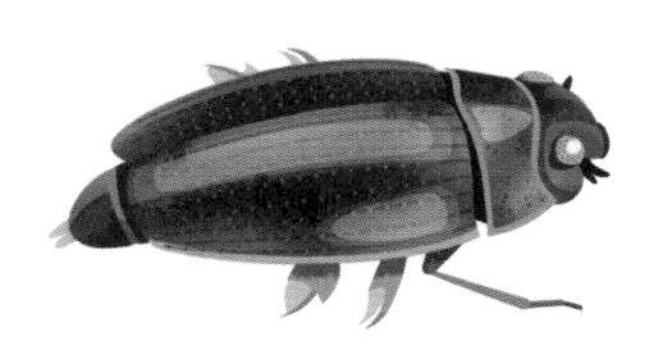

豉甲，第141页

分类：昆虫纲

分布：除了南极洲以外所有大洲的池塘、溪流和湖泊

海岸束带蛇，第144页

分类：爬行动物

分布：美国西北部的池塘和溪流

明线瓶螺，第146页

分类：无脊椎动物

分布：美洲的湿地

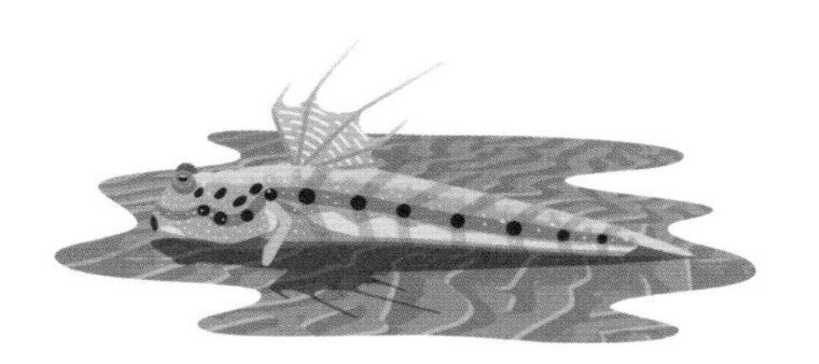

弹涂鱼，第149页

分类：两栖鱼类

分布：非洲、亚洲和大洋洲的泥滩和海岸

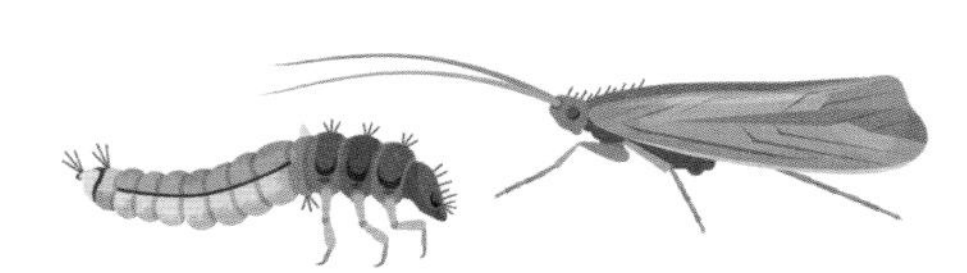

石蛾，第152页

分类：昆虫纲

分布：世界各地的淡水生境

河狸，第154页

分类：哺乳动物

分布：欧洲和亚洲的江河湖泊

泽氏斑蟾，第156页

分类：两栖动物

分布：巴拿马的雨林

洞螈，第158页

分类：两栖动物

分布：欧洲中部和东南部的洞穴

箭毒蛙，第161页

分类： 两栖动物

分布： 美洲的雨林

双冠蜥，第162页

分类： 爬行动物

分布： 美洲的热带雨林

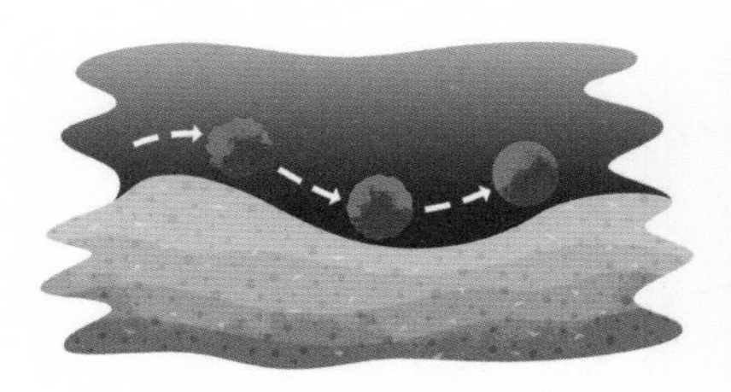

球藻，第164页

分类： 藻类

分布： 日本和欧洲北部的湖泊

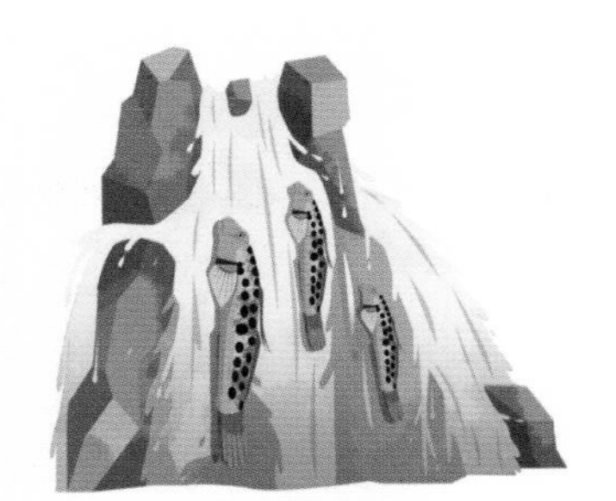

斯氏瓢鳍鰕虎鱼，第 167 页

分类： 鱼类

分布： 夏威夷群岛

美国短吻鳄，第168页

分类： 爬行动物

分布： 美国东南部

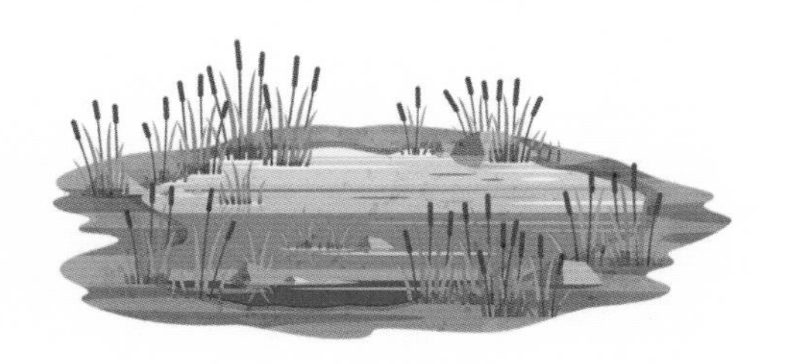

池塘浮游生物，第170页

分类： 多个类群

分布： 世界各地的淡水生境

七鳃鳗，第175页

分类： 鱼类

分布： 世界各地的温带地区

淡水珍珠蚌，第176页

分类： 无脊椎动物

分布： 欧洲和北美洲东北部的江河与溪流

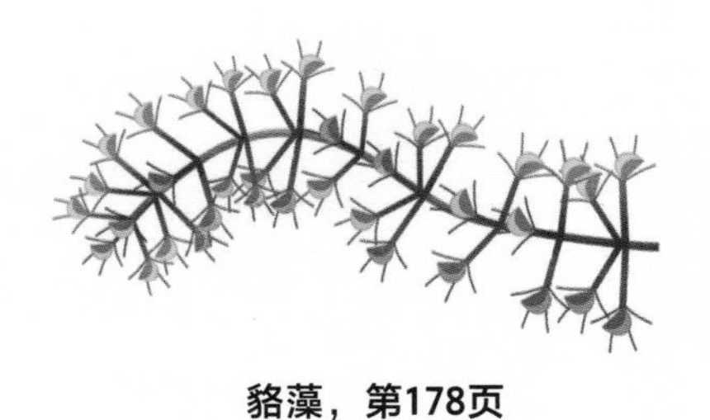

貉藻，第178页

分类： 植物

分布： 欧洲、亚洲、非洲和大洋洲的湿地

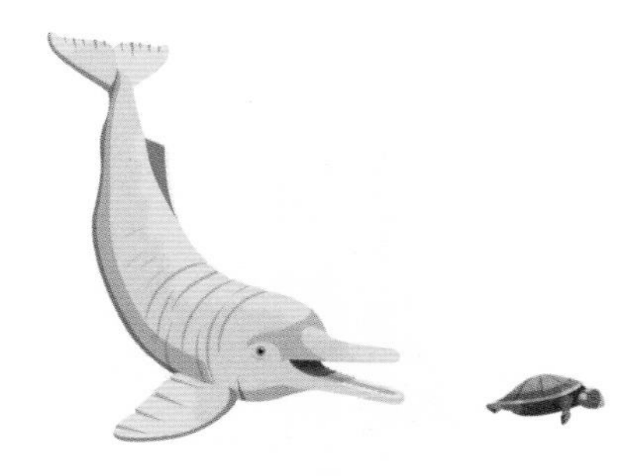

亚河豚，第181页

分类： 哺乳动物

分布： 南美洲的亚马孙河和奥里诺科河流域

芡，第182页

分类： 植物

叶片直径： 超过1米

分布： 印度、韩国、日本、东南亚和中国

边纹龙虱，第187页
分类：昆虫纲
分布：欧洲和亚洲

巨獭，第188页
分类：哺乳动物
分布：南美洲的奥里诺科河、亚马孙河和拉普拉塔河

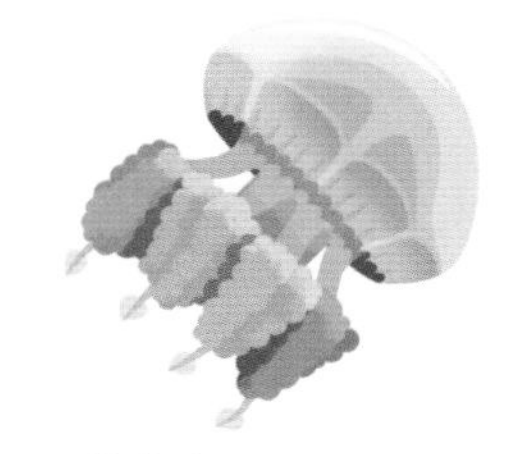

黄金水母，第191页
分类：无脊椎动物
分布：太平洋岛国帕劳的水母湖

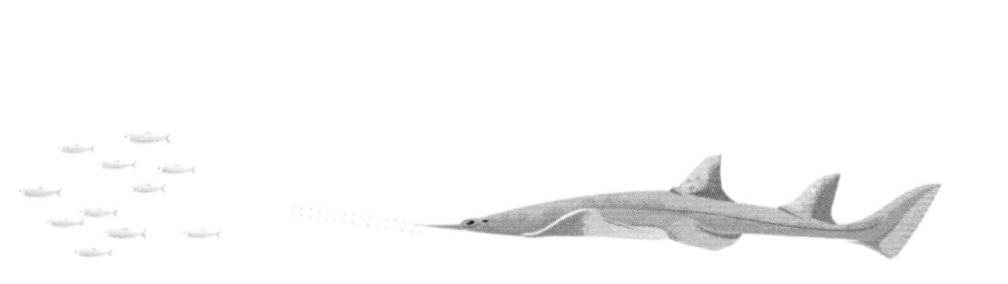

大齿锯鳐，第192页
分类：鱼类
分布：亚热带和热带地区

疣鼻天鹅，第194页
分类：鸟类
分布：温带地区

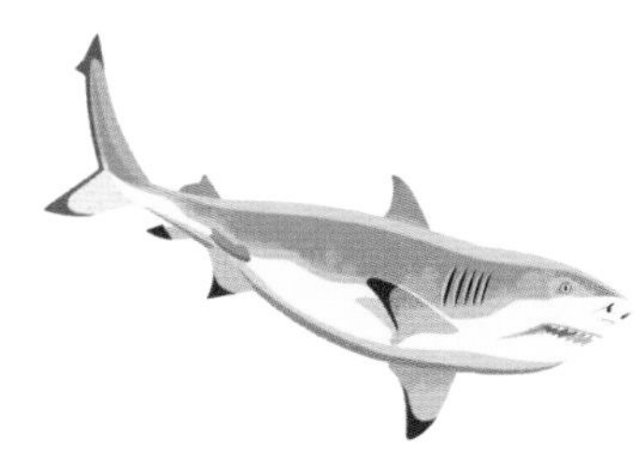

公牛真鲨，第196页
分类：鱼类
分布：世界各地的温暖水域

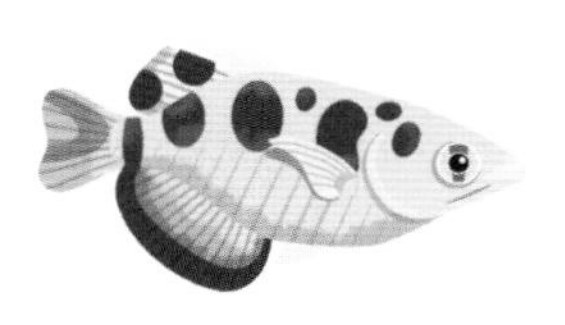

射水鱼，第199页
分类：鱼类
分布：东南亚和澳大利亚北部的河口和海岸

多鳞沙粒魟，第 200 页
分类：鱼类
分布：东南亚的深水河流

湍鸭，第202页
分类：鸟类
分布：南美洲的安第斯山脉

食用幽蚊，第205页
分类：昆虫纲
分布：非洲东部的湖泊

丽鱼，第207页
分类：鱼类
分布：北美洲、南美洲、热带非洲、东南亚和南亚次大陆

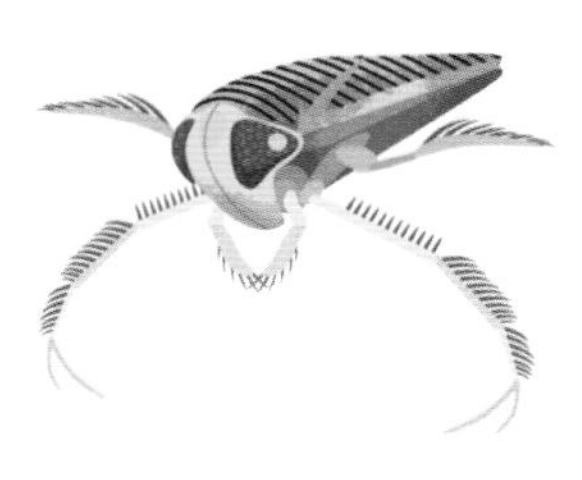

划蝽，第209页
分类：昆虫纲
分布：世界各地的淡水生境

图书在版编目（CIP）数据

DK 探秘缤纷水世界 /（英）山姆·休谟著；（英）安吉拉·丽兹，（英）丹尼尔·朗绘；陈宇飞译. -- 北京：中信出版社，2023.3（2025.3 重印）

ISBN 978-7-5217-5334-9

Ⅰ. ①D… Ⅱ. ①山… ②安… ③丹… ④陈… Ⅲ. ①水生生物—儿童读物 Ⅳ. ① Q17-49

中国国家版本馆 CIP 数据核字 (2023) 第 026029 号

DK 探秘缤纷水世界

著　　者：[英] 山姆·休谟

绘　　者：[英] 安吉拉·丽兹　[英] 丹尼尔·朗

译　　者：陈宇飞

出版发行：中信出版集团股份有限公司

（北京市朝阳区东三环北路 27 号嘉铭中心　邮编　100020）

承 印 者：北京顶佳世纪印刷有限公司

开　　本：889mm × 1194mm　1/16

印　　张：14.5

字　　数：365 千字

版　　次：2023 年 3 月第 1 版

印　　次：2025 年 3 月第 6 次印刷

京权图字：01-2022-0691

书　　号：ISBN 978-7-5217-5334-9

定　　价：158.00 元

出　　品：中信儿童书店

策　　划：好奇岛

审校专家：王亚民

策划编辑：贾怡飞

责任编辑：房　阳

营　　销：中信童书营销中心

封面设计：佟　坤

内文排版：谢佳静　李艳芝

服务热线：400-600-8099

投稿邮箱：author@citicpub.com

www.dk.com

感谢基兰 · 琼斯和凯思琳 · 蒂斯的编辑协助；波莉 · 古德曼的校对工作；琳内 · 默里的图片库协助；丹尼尔 · 朗的生物插图；安吉拉 · 丽兹的图案和封面插图

关于作者： 山姆 · 休谟是一位野生动物电影制片人。他曾在苏格兰圣安德鲁斯大学学习动物学，还曾在当地的水族馆担任资深馆员，训练港海豹并管理馆养背棘鳐的培育工作。如今，山姆和他的妻子路易莎带着一大群奇奇怪怪的动物（包括他们的两个女儿埃拉和索菲）住在英国的萨默塞特。这是他创作的第一本儿童读物。

Picture credits

The publisher would like to thank the following for their kind permission to reproduce their photographs:
(Key: a-above; b-below/bottom; c-centre; f-far; l-left; r-right; t-top)

4 Alamy Stock Photo: Mark Spencer / Auscape International Pty Ltd (t); Photo Researchers / Science History Images (bl); Jeff Rotman (crb); ZUMA Press, Inc. (br). **6 Alamy Stock Photo:** Helmut Corneli (bl). **6-7 Alamy Stock Photo:** Norbert Probst / imageBROKER (b).
7 Alamy Stock Photo: Erik Schlogl (cr). **BluePlanetArchive.com:** David Wrobel (t). **8-9 Science Photo Library:** Alexander Semenov. **10 Jean Vacelet. 12 Alamy Stock Photo:** NOAA. **14-15 Gregory Rouse. 16-17 Alamy Stock Photo:** Natural History Museum, London (t). **19 Dr. Chong CHEN. 20 Expedition to the Deep Slope 2006 Exploration, NOAA Vents Program. 22 Alamy Stock Photo:** Solvin Zankl / Nature Picture Library (cl). **imagequestmarine.com:** Peter Herring (bc). naturepl.com: David Shale (tc). **Science Photo Library**: Dante Fenolio (x5/tl). **22-23 Alamy Stock Photo:** Andrey Nekrasov / imageBROKER. **Science Photo Library:** Dante Fenolio (b). **23 Alamy Stock Photo:** David Shale / Nature Picture Library (cra); Adisha Pramod (tc). NOAA: (br). **24-25 Alamy Stock Photo:** Natural History Museum, London (b). **26-27 BluePlanetArchive.com:** Toshio Minami / e-photo. **28-29 SuperStock:** Steve Downeranth / Mary Evans Picture Library. **30-31 BluePlanetArchive.com:** Masa Ushioda. **33 Alamy Stock Photo:** WaterFrame_jdo. **36-37 BluePlanetArchive.com:** Michael Patrick O'Neill. **38-39 Alamy Stock Photo:** Blue Planet Archive JMI (t). **41 Alamy Stock Photo:** David Shale / Nature Picture Library. **42-43 Science Photo Library:** Dante Fenolio. **44 Alamy Stock Photo:** David Shale / Nature Picture Library (cra); Steve Jones / Stocktrek Images (bl). **Dreamstime.com:** Jocrebbin (tc); Planetfelicity (cla). **Getty Images:** Jason Edwards / The Image Bank (bc). **44-45 Alamy Stock Photo:** Maria Hoffman (b). **45 Alamy Stock Photo:** Pete Morris / AGAMI Photo Agency (bc); Franco Banfi / Biosphoto (ca); mark wilson (cr); Pally (br). **Dreamstime.com:** Tom Linster (tl); Planetfelicity (cl). **Science Photo Library:** Tony Wu / Nature Picture Library (tr). **46 Alamy Stock Photo:** Fred Olivier / Nature Picture Library. **48 Dreamstime.com:** Ethan Daniels (br); Peer Grøndahl (t); Irochka (c). **Science Photo Library:** Astrid & Hanns-Frieder Michler (bl). **51 Alamy Stock Photo:** Mike Parry / Minden Pictures. **52 APHOTOMARINE:** David Fenwick. **54 Alamy Stock Photo:** Anthony Pierce (clb). **54-55 Alamy Stock Photo:** Michael Greenfelder (b); Anthony Pierce (bc). **55 Alamy Stock Photo:** Anthony Pierce (cb). **56-57 Alamy Stock Photo:** Fred Bavendam / Minden Pictures. **58-59 Alamy Stock Photo:** Alex Mustard / Nature Picture Library. **60-61 Alamy Stock Photo:** Paul R. Sterry / Nature Photographers Ltd. **62 Alamy Stock Photo:** Reinhard Dirscherl (bl); Nature Picture Library (br). **Dreamstime.com:** Kelpfish (bc). naturepl.com: Brandon Cole (cl). **62-63 Alamy Stock Photo:** Michael Nolan / robertharding (t). **Getty Images / iStock:** paule858 / E+ (c). **63 Alamy Stock Photo:** Colin Marshall / agefotostock (bl); WaterFrame_fur (c); WaterFrame_jdo (br). **Dreamstime.com:** Jonathan Chancasana (cra); Jagronick (cl). **Science Photo Library:** Pascal Goetgheluck (cb). **64-65 naturepl.com:** Doc White. **66 SuperStock:** Morales / age fotostock. **69 Alamy Stock Photo:** Reinhard Dirscherl. **70 naturepl.com:** Sue Daly. **72-73 Alamy Stock Photo:** Blue Planet Archive SKO. **74-75 David Liittschwager. 76 naturepl.com:** Tim Laman. **79 OceanwideImages.com:** Andy Murch. **80 Alamy Stock Photo:** blickwinkel / Mildenberger (br); Andrey Nekrasov (tl). **Dreamstime.com:** Caan2gobelow (tr); Ethan Daniels (cb, bl). **OceanwideImages.com:** Gary Bell (crb). **81 Alamy Stock Photo:** imageBROKER (cb); Ethan Daniels / Stocktrek Images (tl). **Dreamstime.com:** Ethan Daniels (bl); Isabellebonaire (cra); Mikhail Tischenko (cla); Shih Hao Liao (clb); Nicolas Voisin (crb, br). **82 Science Photo Library:** Natural History Museum, London. **84 Alamy Stock Photo:** Hiroya Minakuchi / Minden Pictures. **86-87 Tracey Jennings IG:** scubabunnie. **89 Getty Images / iStock:** Tammy616 / E+. **90-91 Alamy Stock Photo:** Jeff Rotman. **92 BluePlanetArchive.com:** Phillip Colla. **94 naturepl.com:** Alex Mustard. **96-97 naturepl.com:** Doug Perrine. **99 Dr Isabel Beasley. 100 Getty Images / iStock:** S.Rohrlach. **103 Alamy Stock Photo:** Andy Rouse / Nature Picture Library (bl). **Dreamstime.com:** Harry Collins (tr); Angela Perryman (tl); Hel080808 (cl); Donyanedomam (cr); Palinchak (br). **104 Alamy Stock Photo:** Lou Coetzer / Nature Picture Library. **106-107 Science Photo Library:** Eye Of Science. **108 Dreamstime.com:** Leo Malsam. **110 Alamy Stock Photo:** Paul van Hoof / Buiten-Beeld (br). **111 Alamy Stock Photo:** Kike Calvo (crb); Wayne Lynch / All Canada Photos (tl); Gerard de Hoog / NiS / Minden Pictures (cra). **naturepl.com:** Konstantin Mikhailov (bl). **112-113 naturepl.com:** Mark Taylor. **114-115 naturepl.com:** Piotr Naskrecki. **117 Dreamstime.com:** Dirk Ercken. **118 Alamy Stock Photo:** Mark Boulton (tr); Volodymyr Burdiak (tl); Bill Roque (bl); NSP-RF (crb). **Getty Images / iStock:** Ashish Kumar (cr). **119 Alamy Stock Photo:** blickwinkel / AGAMI / H. Germeraad (cr); GFC Collection (cra); Susan E. Degginger (x2/bl). **Getty Images / iStock:** lapandr (br); Lisa5201 (x2/clb). **Science Photo Library:** Londolozi Images / Mint Images (cla). **120-121 Alamy Stock Photo:** Christophe Courteau / Nature Picture Library. **123 naturepl.com:** Olga Kamenskaya. **124-125 Dreamstime.com:** Slowmotiongli. **127 BluePlanetArchive.com:** Reinhard Dirscherl. **128 Alamy Stock Photo:** blickwinkel / H. Bellmann / F. Hecker. **130-131 Alamy Stock Photo:** Corey Hochachka / Design Pics Inc. **132-133 Science Photo Library:** Marek Mis. **134 Science Photo Library:** Angelina Lax. **136 Alamy Stock Photo:** Hugh Threlfall. **139 Dreamstime.com:** Matthijs Kuijpers. **140-141 Alamy Stock Photo:** Ivan Kuzmin. **142 Alamy Stock Photo:** Dubi Shapiro / AGAMI Photo Agency (br); Majority World CIC (tl); Nazrul Islam (cl); blickwinkel / Hartl (bl). **Dreamstime.com:** Rixie (cra). **Getty Images / iStock:** PhiphatSuwanmon (cb). **Shutterstock.com:** sushil kumudini chikane (clb). **143 Alamy Stock Photo:** Wojtkowski Cezary (cra); Stuart Forster (cr); Nazrul Islam (cl); Kit Day (cb); Soumyajit Nandy (crb). **Dreamstime.com:** Fototrips (x2/bl). **144-145 Science Photo Library:** DK IMAGES. **146-147 naturepl.com:** Visuals Unlimited. **148 BluePlanetArchive.com:** D. R. Schrichte. **151 Dreamstime.com:** Jianqing Gu (t); Nibylandiamj (cl); Libux77 (b). **Getty Images / iStock**: brazzo (c). **Getty Images:** China Photos / Stringer (cr). **152-153 Alamy Stock Photo:** Ottfried Schreiter / imageBROKER. **154-155 Getty Images:** Troy Harrison / Moment. **156-157 Alamy Stock Photo:** ZSSD / Minden Pictures. **158-159 Alamy Stock Photo:** Nature Picture Library. **160 Alamy Stock Photo:** Piotr Naskrecki / Minden Pictures (b). **161 Dreamstime.com:** Dirk Ercken (bl). **Getty Images / iStock**: GlobalP (tr). **162-163 Alamy Stock Photo:** Bence Mate / Nature Picture Library. **165 123RF.com. 166-167 © Marj Awai. 169 BluePlanetArchive.com:** Doug Perrine. **170-171 Science Photo Library:** Laguna Design. **172 Alamy Stock Photo:** Nigel Cattlin (cr); Renato Granieri (cra). **Dreamstime.com:** Kevin Oke (tl); Martin Schneiter (tl/Tree); Bill Roque (clb). **Science Photo Library:** Jorge Garcia / Vwpics (br). **173 Dreamstime.com:** Mikhail Gnatkovskiy (bl); Paulo Resende (ca); Marktucan (bc). Mlot and Hu, Georgia Tech: (c). **Science Photo Library:** Clay Coleman (clb). U.S. Botanic Garden: (br). **174-175 Alamy Stock Photo:** Jelger Herder / Buiten-Beeld. **177 Ardea:** Paulo Di Oliviera. **178-179 naturepl.com:** Adrian Davies. **180 Alamy Stock Photo:** Arco / Therin-Weise / Imagebroker. **182-183 123RF.com:** bbtreesubmission. **184 Depositphotos Inc:** Skaldis (c). **Dreamstime.com:** Rbiedermann (x2/bl); Rudmer Zwerver (cl). **184-185 Dreamstime.com:** Dirk Ercken (b). **185 Alamy Stock Photo:** Rebecca Cole (ca); Sebastian Kahnert / dpa-Zentralbild / ZB / dpa (tr); Daniel Heuclin / Nature Picture Library (clb); MYN / Paul van Hoof / Nature Picture Library (bc, bl). **Dreamstime.com:** Agami Photo Agency (cra); Christopher Smith (tl); Whiskybottle (cla); Mikelane45 (crb); Rudmer Zwerver (cb). **Getty Images:** imageBROKER / Willi Rolfes (tc). **186-187 Dreamstime.com:** Slowmotiongli. **188-189 Science Photo Library:** John Devries. **190-191 naturepl.com:** Brandon Cole. **192-193 BluePlanetArchive.com:** Andre Seale. **194-195 Dreamstime.com:** Martin Kucera. **196-197 naturepl.com:** Doug Perrine. **198 naturepl.com:** Kim Taylor. **200-201 Shutterstock.com:** tristan tan. **203 Alamy Stock Photo:** Glenn Bartley / All Canada Photos. **204-205 Alamy Stock Photo:** David Keith Jones / Images of Africa Photobank. **206-207 Alamy Stock Photo:** blickwinkel / H. Schmidbauer. **208-209 Science Photo Library:** Gary Meszaros. **210 Dreamstime.com:** Lukas Blazek (cr). **211 Alamy Stock Photo:** Scenics & Science (cr). **Dreamstime.com**: Mopic (tl). **212 Alamy Stock Photo:** Bob Gibbons (cr). **Dreamstime.com**: Brian Lasenby (crb); Phillip Lowe (cl). **213 Alamy Stock Photo:** Albert Lleal / Minden Pictures (cl). **Dreamstime.com:** Jeff Grabert (br). **Getty Images / iStock:** E+ / Searsie (tr)

Cover images: *Front:* **Alamy Stock Photo:** Helmut Corneli tl, Wolfgang Kaehler tc, Alex Mustard / Nature Picture Library cra, Andrey Nekrasov cla, WaterFrame_dpr crb; **Dorling Kindersley:** Linda Pitkin bl, Jerry Young ca; **Dreamstime.com:** Isselee cb, Aliaksandr Mazurkevich cl, Nerthuz tr, Jan Martin Will clb; **naturepl.com:** Brandon Cole br